梯田同位素生态水文研究

宋维峰　吴锦奎　等　著

科学出版社

北　京

内 容 简 介

本书以哈尼梯田为研究对象，基于梯田水文生态系统的基本理论和氢氧同位素方法，研究了哈尼梯田生态系统大气降水同位素特征及水汽来源、不同类型地表水同位素特征、土壤水同位素特征、浅层地下水同位素特征及水分来源、植物水分利用及策略、各水体转化同位素联系等内容，初步阐述了梯田同位素生态水文基本理论，促进了生态水文学和同位素水文学的发展。

本书可供森林水文学、生态水文学、同位素水文学、水土保持学、生态学等专业的科研人员以及高等院校相关领域师生参考。

图书在版编目(CIP)数据

梯田同位素生态水文研究/宋维峰等著. —北京：科学出版社，2022.5
ISBN 978-7-03-072322-2

Ⅰ. ①梯… Ⅱ. ①宋… Ⅲ. ①哈尼族–梯田–农业生态系统–研究–红河哈尼族彝族自治州 Ⅳ. ①S181.6

中国版本图书馆 CIP 数据核字(2022)第 087611 号

责任编辑：李秋艳 白 丹/责任校对：韩 杨
责任印制：吴兆东/封面设计：蓝正设计

科 学 出 版 社 出版
北京东黄城根北街 16 号
邮政编码：100717
http://www.sciencep.com

北京中科印刷有限公司 印刷
科学出版社发行 各地新华书店经销
*
2022 年 5 月第 一 版 开本：787×1092 1/16
2022 年 5 月第一次印刷 印张：10 1/4
字数：243 000
定价：119.00 元
(如有印装质量问题，我社负责调换)

作者名单

(按姓氏汉语拼音排序)

段兴凤　刘宗滨　马　菁　马建刚

普慧梅　宋维峰　王卓娟　魏　智

吴锦奎　姚萍霞　张小娟

序

　　生态水文学是一门新兴交叉学科，而同位素方法的逐渐成熟促进了同位素生态水文学的发展。

　　梯田已有上千年的历史，具有水土保持、改善农业生产条件等功能。中国是世界上最早修筑梯田的国家之一，经过上千年的发展，形成了较完整的工程技术体系和学科体系。全球气候变化及其带来的生态环境问题需要我们重新认识具有千年历史的梯田的生态功能和生态水文机理，从新的视角、用新的方法研究梯田。

　　哈尼梯田已有 1300 多年的历史，是一个非常独特的复合生态系统。2013年 6 月 22 日在第 37 届世界遗产大会上，哈尼梯田获准列入联合国教科文组织世界遗产名录。

　　哈尼梯田从古至今始终是一个充满生命活力的大系统，今天它仍然是哈尼族人民物质和精神生活的根本。哈尼梯田是哈尼族人民与哀牢山大自然相融相谐、互促互补的天人合一的人类大创造，是文化与自然巧妙结合的产物。哈尼梯田不仅是世界农业文明的典范，也是人与自然和谐相处的示范和标杆。哈尼梯田在历史上为养育当地哈尼族人民做出了卓越贡献，在当代生态文明建设中更是有重要借鉴意义。

　　该书作者基于多年对梯田水文生态系统的实践和认识，以及多年对哈尼梯田的考察、研究和认识，以哈尼梯田为研究对象，从哈尼梯田生态系统大气降水同位素特征及水汽来源、不同类型地表水同位素特征、土壤水同位素特征、浅层地下水同位素特征及水分来源、植物水分利用及策略、各水体转化同位素联系等方面进行了较为系统的研究。研究内容均为哈尼梯田研究的热点问题，也是水土保持学和生态水文学等领域的热点问题，该研究既丰富了相关学科领域的研究，又为哈尼梯田可持续发展和我国生态环境建设提供了重要的理论指导和技术支持。该书初步阐述了梯田同位素生态水文理论，促进了生态水文学和同位素水文学的发展。

　　该书作者是致力于研究哈尼梯田生态系统的学者，他们刻苦努力、勇于开拓的科学精神以及对哈尼梯田生态系统的观测研究是该书得以出版的基础。希望他们能够百尺竿头，更进一步，为相关领域的科学发展做出更大贡献。

余新晓

2021 年 6 月于北京

前　言

20 世纪 80 年代以后，随着同位素质谱测试技术的改进和费用的降低，同位素水文学得到了迅速发展。稳定同位素技术被运用到了从降水到地面和地下各种水体的同位素特征分析中，运用到水资源、水环境、水文、土壤侵蚀等领域的研究中。

梯田是人类在农业生产实践中创造的一种行之有效的增产和水土保持措施。梯田已有几千年的历史，其运行的基本原理就是对降水的充分利用，也就是一个水文学问题。我国的哈尼梯田就是对水分充分利用的典型代表。哈尼梯田是一个由森林—村庄—梯田—河流构成的生态系统。山顶的森林生态子系统发挥着森林的功能：一是涵养水源，发挥着隐形水库的作用，为梯田子系统和溪流子系统提供了源源不断的水分；二是肥沃了森林土壤，为森林子系统和梯田子系统提供了营养元素。农田(梯田)生态子系统(也是梯田湿地生态子系统)正是在上游系统的径流作用下，提供了稳定的农业生产基础和条件，发挥了粮食生产的功能，同时也发挥了梯田人工湿地的功能。溪流(河流)生态子系统则将森林生态子系统的水分和营养物质输送到下游。这样，通过溪流对水分和养分的传输运移将森林生态子系统、农田生态子系统和河流生态子系统有机结合在一起。因此，研究哈尼梯田的核心就是研究其生态水文特征与规律。

我于 2010 年开始考察和研究哈尼梯田，2010 年申请到国家自然科学基金面上项目"哈尼梯田水源区森林涵养功能与梯田保水保土机理研究"(31070631)，2013 年申请到国家自然科学基金面上项目"基于氢氧同位素技术的哈尼梯田水源区土壤水分运移规律研究"(41371066)，最近十多年来一直致力于哈尼梯田森林水文、生态水文研究。

本书从阐述梯田水文生态系统开始，重点讨论梯田各水体的稳定同位素特征及各水体转化的同位素联系，初步建立梯田同位素生态水文研究的理论与方法。

本书共分 11 章。第 1 章介绍梯田与水文生态系统，第 2 章介绍哈尼梯田生态系统，第 3 章介绍同位素原理，第 4 章介绍稳定同位素取样与分析，第 5 章介绍稳定同位素技术在森林水文学研究中的应用，第 6 章介绍哈尼梯田生态系统大气降水同位素特征及水汽来源，第 7 章介绍哈尼梯田生态系统不同类型地表水同位素特征，第 8 章介绍哈尼梯田生态系统土壤水同位素特征，第 9 章介绍哈尼梯田生态系统浅层地下水同位素特征与水分来源，第 10 章介绍哈尼梯田生态系统植物水分利用来源及策略，第 11 章介绍哈尼梯田生态系统各水体转化同位素联系。

本书是在国家自然科学基金面上项目"哈尼梯田水源区森林涵养功能与梯田保水保土机理研究"(31070631)和"基于氢氧同位素技术的哈尼梯田水源区土壤水分运移规律研究"(41371066)的基础上整理而成的。考虑到全书的系统性，书中参阅了大量文献，借此机会向这些文献的作者表示衷心的感谢！余新晓教授在哈尼梯田的研究方面持续给予关心与支持，在本书的框架设计方面给予了悉心指导，在此表示由衷的感谢！

本书的作者多年致力于哈尼梯田的相关研究，研究团队中的研究生也做出了巨大贡献，在本书出版之际为他们的快速成长感到欣慰，同时感谢他们对本书的贡献。特别感谢云南省高原湿地保护修复与生态服务重点实验室的支持。

　　本书涉及的学科面广、问题复杂，人们对哈尼梯田在自然科学方面的研究才刚刚起步，加上作者水平有限，不足和疏漏之处在所难免，欢迎读者不吝批评指正！

宋维峰

2021 年 6 月于昆明

目　　录

第1章 梯田与水文生态系统

梯田是人类在长期的农业生产实践中不断发展、完善而创造的产物。《中国大百科全书·水利卷》明确了梯田的定义,即"梯田是在丘陵山坡地上沿等高线修筑的条状阶台式或波浪式断面的田地"。梯田对于改善农业生产条件,满足农业发展对粮食增产的需求,促进粮食生产的稳步发展以及综合治理与开发,控制水土流失有着显著的生态效益和经济效益。

1.1 梯田的形成与发展

梯田是人类在农业生产实践中创造的一种行之有效的增产和水土保持措施。梯田的出现,是古代农业发展的一个显著进步。梯田修筑历史悠久,而且普遍分布于世界各地,尤其是地少人多的山丘地区。中国是世界上最早修筑梯田的国家之一,早在西汉时期已经出现了梯田的雏形。中国的梯田以数量多、修筑的历史悠久而闻名于世,它的形成与发展大致可分为四个时期(姚云峰和王礼先,1991)。

(1)梯田的雏形期(公元前2世纪至公元10世纪前后)。这一时期以便于耕作、保水、保肥、增加产量的小面积区田的形成为标志,并且已经注意到了修筑山地池塘,以收集径流进行灌溉。中国的梯田历史可以追溯至春秋战国时期。《诗经·正月》有"瞻彼阪田,有菀其特"的诗句,阪田是原始型的梯田,说明中国早在春秋时就已对山坡地进行了改造(毛廷寿,1986;王星光,1990)。另外,从《汉书》《氾胜之书》中也可以得知,中国在西汉时已出现了梯田的雏形。从对出土文物的考古方面,也证实了中国梯田出现的历史。四川省彭水县(今重庆市彭水苗族土家族自治县)曾在东汉的古墓中出土一具陶器模型,模型为长方形,一端为水塘,塘中有两条鱼,塘下为田,有两条弯曲的田埂,很像现在当地的水梯田。陕西省汉中市和四川省宜宾县(今四川省宜宾市)也在东汉古墓中出土了类似的水稻梯田陶器模型(毛廷寿,1986)。

(2)梯田的形成期(公元10世纪至16世纪)。这一时期已形成了严格意义上的梯田。梯田已经不是零星分布的局部小块,而是沿坡面修筑而成阶阶相连的成片梯田。这一时期继承和发扬了修建山坡池塘、拦截雨水、灌溉梯田的传统。在中国文献中"梯田"一词出现最早的记载是宋代范成大所著的《骖鸾录》,书中云:"出庙三十里,至仰山,缘山腹乔松之磴甚危,岭阪上皆禾田,层层而上至顶,名曰梯田"。仰山位于宋代袁州(今江西省宜春市),在此后的几十年中,袁州一带梯田建设的速度非常快,到了淳祐六年(1246年)袁州知州张成己反映:"江西良田,多占山冈,望委守令讲陂塘灌溉之利",其中提到的高山梯田,标志着中国的梯田建设已进入一个新的历史阶段。元代《王祯农书》对梯田的定义、分类、布设与修筑方法进行了系统的描述(王星光,1990)。

(3)梯田建设与治山治水的结合期(公元16世纪至20世纪40年代)。这一时期梯田推广的范围越来越大。修筑梯田在获取粮食的基础上同治山治水结合了起来,进一步发挥了梯田的作用。在16世纪后期,已形成了引洪漫淤、保水、保土、肥田的技术和理论。在明朝,梯田建设已和治山、治水结合了起来,进一步发挥了梯田的作用。如徐光启所著《农政全书》中水利篇述及发展梯田可以"均水田间,水土相得……,若遍地耕垦,沟洫纵横……必减大川之水"。清初,蒲松龄在《农桑经》一书中,对梯田的作用也讲得很清楚:"一则不致冲决,二则雨水落淤,名为天下粪"。民国时期(20世纪40年代)著名水利专家李仪祉在其著述中曾主张用梯田"沟洫法"以"清泥沙之来源"。

(4)梯田工程技术体系的发展完善期(20世纪40年代至今)。这一时期梯田得到了大面积推广。由梯田沟洫工程到培地埂、修坡式梯田到一次修平梯田,并由人工修筑发展到大面积机械修筑梯田,特别是注重了配套设施的建设,如坡面水系工程和生产道路等,加强了田埂利用,积极引导和培育特色产业。目前,梯田建设以小流域为单元,坡面与沟道统筹治理,综合考虑小流域水资源利用,在合理利用土地与保持水土原则下,形成了农业耕作梯田、果园梯田、造林整地梯田等类型,注意到了全流域的综合治理与开发。

1.2 梯田的分布与类型

1.2.1 梯田的分布

中国是世界上梯田分布最广的国家之一。除中国外,世界许多国家和地区也有分布,如地中海沿岸的西班牙、法国、意大利、希腊、突尼斯、阿尔及利亚,非洲的埃塞俄比亚、肯尼亚、坦桑尼亚、乌干达、卢旺达,美洲的墨西哥、巴西、秘鲁,亚洲的菲律宾、印度尼西亚、泰国、越南、印度、斯里兰卡、韩国、日本等。其中著名的有中国的黄土高原梯田、哈尼梯田、龙脊梯田、紫鹊界梯田、河北涉县梯田,菲律宾的巴纳韦水稻梯田,瑞士的拉沃梯田,秘鲁的马丘皮克丘梯田,意大利的五渔村梯田,越南的沙巴梯田,以及印度尼西亚巴厘岛的乌布梯田等(陈蝶等,2016)。

1.2.2 中国梯田的分布

中国有东西南北分区的传统,但对梯田来说,由于东部多平原,西部多高山山地,因此,中国梯田按地区主要可分为南北两大区域,若细分,则又可分出黄土高原、云贵高原以及江南丘陵等梯田,其中,黄土高原和云贵高原梯田堪作北、南方梯田的代表。

北方梯田主要分布在黄土高原、华北土石山区、东北漫岗区。目前黄土高原著名的梯田区有甘肃省平凉市庄浪县(1998年被水利部命名为"中国梯田化模范县")、定西市安定区、庆阳市西峰区和宁县、陕西省志丹县、宁夏回族自治区隆德县等,这些县(区)被水利部命名为"全国梯田建设模范县"。华北土石山区著名的梯田有2014年被农业部评定为中国重要农业文化遗产的河北涉县旱作梯田。它起源于公元前514年的战国赵简子"屯兵筑城",经过元末明初的开发初期、清中后期大规模发展期及中华人民共和国成立前后直至"农业学大寨"期间的稳量提质期,涉县旱作梯田目前已达到26.8万亩[①]。

---

① 1亩≈666.67m²。

作为一种独特的石灰岩山区土地利用系统和半干旱地区抗灾减灾农耕生产系统，旱作梯田是涉县先民为躲避战乱、适应当地自然环境的文化创造，保留有浓郁而深厚的传统农业文化底蕴(颜佩珊，2018)。

南方梯田主要分布在陕南山区、湖北丘陵山区、湖南丘陵山区、皖南山区、皖中丘陵岗地区、四川丘陵山区、粤桂丘陵山区和云贵高原山区。南方梯田目前保存完好、规模较大的古梯田以云南哈尼梯田、湖南紫鹊界梯田和广西龙脊梯田最为著名。

根据地域特点，梯田的分布大致可以划分为以下五个类型区，每个类型区的梯田有不同的结构特点和利用上的差异(祁长雍和王威，2000)。

(1)西北黄土高原区。以土坎旱作梯田为主，大多梯田是有坎无埂，一般只是保土、涵水但不蓄水，不能水作。

(2)东北、内蒙古漫岗丘陵区。多是修成等宽的水平梯田，田面宽，单块田的面积较大，坎顶多高出田面，一般只拦截径流，保护地坎不被冲刷，但不蓄水。

(3)华北、东北土石山区。多数为石坎梯田，埂坎较齐全，但埂多裂隙，难以蓄水。埂坎上大多栽种经济型的树、草和花，梯田的多种经营效益较好。

(4)南方亚热带地区。这里主要农作物是水稻和旱作茶、果、桑、麻等经济作物，其种植地以岗丘缓坡地带上的土坎梯田(当地群众称作"塝田"和"冲田")最普遍，石坎梯田较少。这里的梯田多是埂、坎齐全，且多数都可水、旱(埂端设 1~2 个进、出水口)两作。

(5)华南热带地区。这里的山丘坡地上多以发展橡胶、荔枝、龙眼、香蕉、胡椒等经济作物为主，坡地上的梯田也多是埂坎齐全，亦可水、旱(埂端设 1~2 个放水口)两作。

1.2.3　中国梯田的类型

由于中国各地的自然地理条件、劳动力多少、土地利用方式、耕作习惯和治理程度等均不同，因此修筑梯田形式各异，其分类方法也有很多种，但主要为以下几种。

1) 按断面形式分类

(1)阶台式梯田：阶台式梯田在坡地上沿等高线修筑，为逐级升高的阶台形的田地。阶台式梯田又可分为水平梯田、坡式梯田、反坡梯田和隔坡梯田 4 种。①水平梯田是为保持水土，发展农业生产，将坡地沿等高线修筑成田面水平的一种阶台式梯田。适宜种植水稻、其他大田作物、果树等。②坡式梯田是山丘坡面地埂呈阶梯状而地块内呈斜坡状的一类旱式耕地。为了减少斜坡耕地的水土流失，在适当的位置垒石筑埂，形成初步的梯田，之后便逐步将地埂加高，把地块内坡度逐步减小，从而增加地表水的下渗量，减缓水流对土壤的冲刷，向水平梯田过渡。③反坡梯田是水平阶整地后坡面外高内低的梯田，反坡角度一般为 1°~3°，能改善立地条件，蓄水保土，并使暴雨产生的过多径流由梯田内侧安全排走，适用于干旱及水土冲刷较为严重而坡面平整的山坡地带及黄土高原。干旱地区造林所修筑的反坡梯田一般宽度仅为 1~2m。④隔坡梯田是水平梯田和坡式梯田的过渡形态，相邻两水平阶台之间保留一定宽度原状坡面，适宜劳动力不够充足的山区。梯田水平部分种植大田作物，坡式部分可种植果树或牧草，逐渐改造成完全的水平梯田。

(2)波浪式梯田：波浪式梯田是在缓坡上修筑的断面呈波浪式的梯田，又称软埝或宽埂梯田。一般是在 7°~10° 的缓坡上，每隔一定距离沿等高线方向修建软埝和截水沟，两软埝和截水沟之间保持原来的坡面。软埝有水平和斜坡 2 种：水平软埝能拦蓄全部的径流，适于较干旱的地区；斜坡软埝能将径流由截水沟安全排出，适于较湿润的地区。软埝的边坡平缓，可种植物。两软埝和截水沟之间的距离较宽，面积较大，便于农业机械化耕作。

(3)复式梯田：复式梯田是根据当地不同的环境和气候条件，因山就势在山丘坡面上开辟的集多种梯田类型于一体的综合梯田模式。

2)按田坎建筑材料分类

按照田坎建筑材料分类，可分为土埂梯田、石垒梯田和植物埂梯田。黄土高原地区，土层深厚，年降雨量少，主要修筑土埂梯田。土石山区，石多土薄，降雨量多，主要修筑石垒梯田。陕北黄土丘陵区，地面广阔平缓，人口稀少，多采用灌木、牧草为田埂的植物埂梯田。

3)按土地利用类型分类

按土地利用类型分类，可将梯田分为农田梯田、果园梯田和林木梯田等。

4)按灌溉方法分类

按照灌溉方法分类，梯田可分为旱地梯田和灌溉梯田。其中，灌溉梯田可分为长期淹水梯田和季节性淹水梯田。

5)按施工方法分类

按施工方法分类，梯田可分为人工梯田和机修梯田。

1.3　梯田的景观结构与特征

梯田景观结构主要包括梯田及其田埂、田面、断面、村落等因素，梯田景观特征主要由以上要素的特征、空间格局、分布及其相互之间的关系所构成。在综合考虑自然地理状况和维修梯田的要素的前提下，北方梯田和南方梯田呈现出不同的景观特征(姬婷，2007)。

1.3.1　梯田的景观结构

1. 北方梯田

北方梯田一般是没有任何灌溉条件的纯旱地，其垂直景观结构体现了"山顶植被戴帽，山间梯田缠腰，埂坝牧草锁边，沟底坝库穿鞋"的生态梯田综合治理模式，能够有效利用水土资源，提高农业生产效率。

北方梯田将梯田建设与林草种植、道路、渠道、蓄水池、堤坝等建设相配套，把工程措施同生物措施相结合，形成了一种复合农业生态工程。通过在田面上布设汇流坡面，能够有效地调控地表径流，使雨水就地入渗；通过修建水窖、小型拦蓄工程、燕翅坑和道路林网等，合理利用降水，拦截泥沙；通过作物间作套种技术，如埂坝的牧草、山头沟底的林带，形成作物、林草复合生态系统，综合治理水土流失。

北方梯田一般以小流域为单元，集中连片布设连台水平梯田，田片根据地貌及明显切割地貌地物(如道路、陡坎、沟壑、非耕地等)界定，宜大则大，宜小则小。这样不仅便于机耕、施肥等农事作业,而且形成了一种山、水、田、林、路的景观格局。

北方梯田在实际设计和施工中,根据不同的坡度、坡向、土质特点,田块结构依山布形、顺沟列势,采用"等高线,沿山转;宽适当,长不限;大弯就势,小弯取直"的方法修建梯田。田面宽按坡度分级:陡坡区(15°~25°)一般为 9~15m,缓坡区(5°~15°)一般为 15~30m。为防止田块过长引起的径流集中冲刷问题,沿纵向每隔 30~50m 修横向软埝,埝顶应低于地埂。地埂采用梯形断面人工筑成,顶宽 0.4m,内坡 1:1,埂高以安全拦蓄集水区设计暴雨径流为标准,一般不大于 0.6m。

2. 南方梯田

南方梯田一般是一个由森林、村庄、梯田、溪流(河流)组成的山地人工生态系统,也是一种人工湿地系统(王清华,1999;谭宁,2012;袁正科,2015)。著名的云南红河哈尼梯田、广西龙胜龙脊梯田、湖南新化紫鹊界梯田、贵州加榜梯田、贵州盘县(今盘州市)新民梯田就在这个区域(王清华,1999;段兴凤等,2011b)。以哈尼梯田为例,其垂直结构上"四素同构"的生态系统由森林、村庄、农田(梯田或梯田湿地)和溪流(河流)四个生态子系统构成并各自发挥着重要作用,是云贵高原梯田生态系统结构的典型代表(图 1-1)。山顶的森林生态子系统发挥着森林的功能:一是涵养水源,发挥着隐形水库的作用,为梯田子系统和溪流子系统提供源源不断的水分;二是肥沃了森林土壤,为森林子系统和梯田子系统提供营养元素。农田(梯田)生态子系统(也是梯田湿地生态子系统)正是在上游系统的径流作用下,提供了稳定的农业生产基础和条件,发挥了粮食生产的功能,同时也发挥了梯田人工湿地的功能。溪流(河流)生态子系统则将森林生态子系统的水分和营养物质输送到下游。这样,通过溪流对水分和养分的传输运移就将森林生态子系统、农田生态子系统和河流生态子系统有机地结合在一起(宋维峰和吴锦奎,2016)。哈尼梯田生态系统既控制了高山区的水土流失,又为村寨提供了水源、放牧场所、狩猎资源和野生动植物食物,同时也保证了充足的梯田灌溉水(陈琴等,2019)。

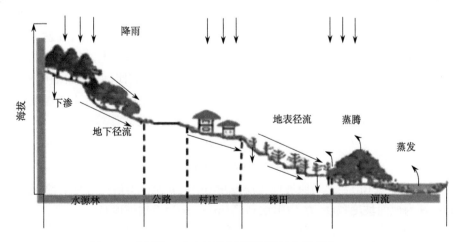

图 1-1 哈尼梯田垂直结构剖面图(姚敏和崔保山,2006)

1.3.2　梯田断面要素

梯田断面要素包括原始和设计后断面规格与尺寸等，如原始坡长、坡度，设计后田面宽度、坡度，田坎高度、坡度，隔坡段坡长，田面挖填部分平衡线及挖填面积等。根据《水土保持工程设计规范》（GB 51018—2014）要求，不同梯田类型有着不同的设计方法和断面要素。

1. 水平梯田

水平梯田一般根据土质和地面坡度先选定田坎高和侧坡，然后计算田面宽度，也可根据地面坡度、机耕和灌溉需要先定田面宽，然后计算田埂高（图 1-2）。

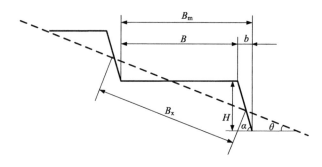

图 1-2　水平梯田断面

B 为田面净宽（m）；B_m 为田面毛宽（m）；b 为梯田田坎占地宽（m）；
B_x 为原坡面斜宽（m）；H 为田坎高度（m）；α 为田坎坡度（°）；θ 为地面坡度（°）

田面越宽，耕作越方便；但田坎越高，挖（填）土方量越大，用工越多，且田坎越不稳定。

石坎梯田断面的田坎高度应根据地面坡度、土层厚度、梯田级别等因素合理确定，其范围宜取 1.2～2.5m，田埂高度宜取 0.3～0.5m；田埂顶宽应为 0.3～0.5m，需与生产路、灌溉系统结合布置时，应适当加宽；田坎外侧坡比宜取 1∶0.1～1∶0.25，当田坎高度大于 2.0m 时，内侧坡比宜取 1∶0.1；田坎基础应置于硬基之上，软基基础深不应小于 0.5m，基面应外高内低，宽度应根据田坎顶宽及田坎侧坡坡比确定；田面应外高内低，比降宜取 1∶300～1∶500，田面内侧设排水沟。梯田断面设计应结合土层厚度，修平后内侧活土层厚应大于 0.3m，田面净宽和田坎高度可按下列公式计算：

$$B = 2(T - h)\cot\theta \tag{1-1}$$

$$H = B / (\cot\theta - \cot\alpha) \tag{1-2}$$

式中，B 为田面净宽（m）；T 为原坡地土层厚度（m）；h 为修平后挖方处后缘保留的土层厚度（m）；θ 为地面坡度（°）；H 为田坎高度（m）；α 为田坎坡度（°）。

土坎梯田断面的田坎高度应根据地面坡度、土层厚度、梯田等级等因素合理确定，一般不应超过 2.0m，田埂高度宜取 0.3～0.5m；田埂宽度宜取 0.3～0.5m，当需要结合生产路布置时，应适当加宽；田坎侧坡坡比宜取 1∶0.1～1∶0.4，田埂边坡宜采用 1∶1。

水平梯田的工程量计算可按照下列公式计算：

$$V = \frac{1}{8}BHL \tag{1-3}$$

$$H = B_x \sin\theta \tag{1-4}$$

$$B_x = H / \sin\theta \tag{1-5}$$

$$B = B_m - b = H(\cot\theta - \cot\alpha) \tag{1-6}$$

$$B_m = H\cot\theta \tag{1-7}$$

$$H = B_m \tan\theta \tag{1-8}$$

$$b = H\cot\alpha \tag{1-9}$$

式中，V 为单位面积(hm^2 或亩)梯田土方量(m^3)；L 为单位面积(hm^2 或亩)梯田长度(m)；B_x 为原坡面斜宽(m)；B_m 为梯田田面毛宽(m)；b 为梯田田坎占地宽(m)。

其他符号意义同前。

(1)当以公顷为单位时，梯田单位面积土方量可按下式计算：

$$V = \frac{1}{8}H \times 10^4 = 1250H \tag{1-10}$$

(2)当以亩为单位时，梯田单位面积土方量可按下式计算：

$$V = \frac{1}{8}H \times 666.7 = 83.3H \tag{1-11}$$

2. 坡式梯田

坡式梯田是指田面顺坡向倾斜的梯田。一般修在坡度为 10° 以下的较缓坡面，采用培地埂的方法修成(图 1-3)。

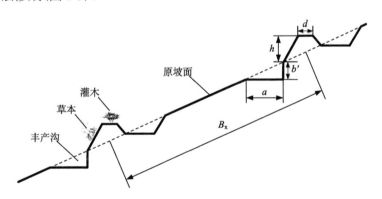

图 1-3　坡式梯田断面

d 为田埂顶宽；h 为田埂高；a 为沟底宽；b' 为埂下切深

原坡面斜宽 B_x 应根据地面坡度、降雨、土壤渗透系数等因素确定。地面坡度越陡，降雨强度越大，B_x 越小；土壤渗透系数越大，B_x 越大。

对于等高沟埂断面尺寸，一般田埂顶宽宜取 0.3～0.4m，田埂高度宜取 0.5～0.6m，外坡 1：0.5，内坡 1：1；年降水量为 250～800mm 的地区，田埂上方容量应满足拦蓄与梯田级别对应的设计暴雨所产生的地表径流和泥沙的能力。年降水量为 800mm 以上的地区，田埂宜结合坡面小型蓄排工程，妥善处理坡面径流与泥沙。

坡式梯田设计时，沟埂的基本形式应为埂在上、沟在下，从埂下方开沟取土，在沟上方筑埂，以有利于通过逐年加高土埂，使田面坡度不断减缓最终变成水平梯田。考虑坡式梯田经逐年加高、最终建设成水平梯田的断面，确定沟埂间距时可参考当地水平梯田断面设计的 B_x 值。

3. 反坡梯田

断面与水平梯田相似，但田面微向内侧倾斜，倾斜反坡一般为 2°（图 1-4）。反坡梯田能增加田面蓄水量，暴雨时，过多的径流可由梯田内侧安全排走，不致冲毁田坎。反坡梯田多为窄带梯田，适宜种植果木及旱作作物。干旱地区造林的反坡梯田，一般宽 1～2m，反坡坡度为 10°～15°。

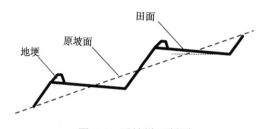

图 1-4　反坡梯田断面

4. 隔坡梯田

隔坡梯田是指上下两水平梯田田面之间间隔一段原始坡面的梯田（图 1-5）。

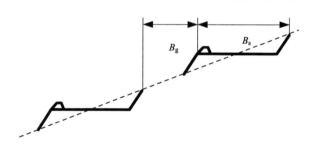

图 1-5　隔坡梯田断面
B_s 为水平田面宽度；B_g 为垂直投影宽度

隔坡梯田水平田面宽度 B_s 的确定应兼顾耕作和拦蓄暴雨径流要求，宜取 5～10m；隔坡梯田垂直投影宽度 B_g 的确定：一般 B_s 与 B_g 比值宜取 1：1～1：3；应根据地面坡度、土质、植被和当地降雨情况确定隔坡部分在设计暴雨条件下产生的径流、泥沙量和林草需水量，以此作为确定 B_g 的主要依据；应根据水平田面部分的宽度、土壤渗透性，分析暴雨中田面接受降雨后再接受隔坡部分径流的能力，具体确定 B_s 和 B_g，要求在设计暴雨条件下水平田面能全部拦蓄隔坡的径流不发生漫溢。B_s 和 B_g 应相互适应，根据不同情况通过试算确定。

隔坡梯田是保持自然植被的坡地与水平梯田上下相间而组合的梯田，适用于干旱缺水、坡度为 15°～20° 的丘陵山区，既可以拦蓄利用隔坡产生的径流，改善水平田面的水分条件，又可以保留隔坡的天然植被。隔坡径流和泥沙量的计算应采用当地径流小区观测数据，没有数据的可利用当地水文手册等相关资料进行估算。

1.4 梯田的生态服务功能

梯田为人类提供多重生态系统服务，主要包括涵养水源、保持水土、改善立地环境、提供净初级生产力、碳蓄积和碳汇、调节气候、改良土壤、提供生境、保护生物多样性以及宗教、美学等精神文化价值(陈蝶等，2016)。梯田改变了地表景观，从而直接影响当地的水文和径流特征，同时改变土壤理化性质，增加区域的景观异质性，为生物多样性提供生境和廊道，对维持坡地景观格局、生态功能和过程具有重要意义。合理修建和科学管理的梯田能显著提高土地生产力和经济效益。

1.4.1 水文调节

1. 调控径流

坡面径流的科学调控与合理利用是小流域综合治理的核心问题。Meerkerk 等(2009)基于水文连通性理论研究了地中海地区半干旱流域的梯田降雨-径流模型模拟方法，认为梯田能显著降低流域内水文连通性，进而改变流域的汇水面积和洪峰流量。Lesschen 等(2009)在西班牙东南部 Carcavo 流域利用 LAPSUS 模型发现，梯田能有效阻止径流和泥沙进入沟渠，流域尺度的水文连通性主要取决于植被和梯田的空间分布。Abu Hammad 等(2005)在巴勒斯坦的研究发现，修建石坎梯田后径流系数从 20% 下降到 4%。Gardner 和 Gerrard(2003)对尼泊尔中部丘陵区研究后发现，旱作梯田的径流系数为 5%～50%，并认为其主要取决于土壤的质地、容重和入渗性，此外增加地表覆盖也能有效减少径流。在西班牙比利牛斯山，梯田在夏季可以入渗约 50mm 降雨，一般情况下可持续 24h 以上不产生径流；但梯田内土层较浅，土壤含水量较高，雨季易达到饱和，进而导致迅速产流，水渠灌溉也可能加快这一水文过程。降雨径流调控是解决干旱缺水和水土流失的重要方式，康玲玲等(2005)通过分析黄土高原不同分区梯田对径流的影响，认为降雨量、降雨强度及梯田质量是影响梯田生态系统发挥径流调控功能的重要因素，同时提出梯田所处地域的地形和产汇流条件也是影响径流形成的关键因素。

2. 涵养水源

降水、径流、入渗、蒸发等水文过程以及地貌、土壤性质、土地利用方式、梯田结构、植被覆盖、修建年限等均对土壤含水量有不同程度影响。梯田通过截断坡面径流，减小水文连通性，促进降水下渗，提高土壤含水量，同步解决土壤水分亏缺与水土流失的问题。Chow 等(1999)发现在梯田修建排水沟渠可以有效减少侵蚀，增加水分入渗，提高表层土壤的储水量，保证作物生长的水分供应。水平台整地后，一定程度上降低了土壤的毛管孔隙度，土壤持水能力降低，在受气象因素影响较大的表层土壤，可能会出现梯田水平台比台间坡面土壤含水率低的现象，此外，由于偏黏性土壤具有丰富的毛管孔隙，其改造为水平台后改善土壤水分的效果比偏沙性土壤好。作物对梯田土壤水分的吸收利用以及蒸散发等因素，也可能减少梯田土壤储水量。张玉斌等(2005)发现水平梯田除表层的土壤含水不能满足作物有效用水外，其他层次土壤水分均能满足作物需求；田坎的蒸发导致梯田 1/3 的水分损失，因此，通过增加梯田田面宽度、减少埂坎的表面积能提高梯田土壤含水量。郭亚莉(2007)分析了宁夏隆德县退耕还林(草)工程与梯田的生态效益，认为退耕还林(草)工程与梯田建设相结合能提高水土资源利用效率，是黄土丘陵沟壑区治理水土流失、恢复退化生态系统的根本措施。南方梯田除了提高土壤含水量外，还能改善水质。梯田湿地能有效降解污染物，进入梯田的污染物浓度随海拔降低呈指数级下降，姚敏和崔保山(2006)研究发现哈尼梯田涵养水源的能力为 $5050m^3/hm^2$，水质随海拔降低呈现"好—差—好"的垂直特征。

1.4.2　保持土壤

土壤侵蚀的持续发生不仅会造成土地资源退化，而且会引起下游河道与湖泊淤积、加剧洪水灾害的发生。同时，土壤侵蚀引起的面源污染还会破坏水资源、加剧干旱地区的水资源危机，严重影响生态系统的可持续性。降雨径流在梯田处受到拦蓄，减轻了径流对沟谷的冲刷，从而减少流域土壤侵蚀与产沙过程。在印度，Sharda 等(2002)发现梯田减水效率最高可达 80%，减沙效率达 90%左右。基于埃塞俄比亚提格雷州 202 个径流小区的试验结果，Ge-bremichael 等(2005)发现石坎坡式梯田可减少 68%由片蚀或面蚀而引起的土壤流失。Shi 等(2012)利用 WATEM / SEDEM 分布式模型模拟了三峡库区王家桥流域的侵蚀产沙特征，发现水平梯田能使土壤流失量减少约 17%，产沙量减少约 32%。土壤侵蚀除了受岩性、地形、气候等因素的影响外，还与土地利用和植被覆盖变化有关。Van Dijk 等(2003)计算出了印度尼西亚湿润气候下几乎没有植被覆盖的梯田田坎的土壤流失量可达到 200t/(hm²·a)，当有密集的灌木或草本植物覆盖时，土壤流失量下降 31%。Zuazo 等(2011)发现田坎上有植被裸露时，土壤侵蚀和径流显著减少，种植薰衣草时土壤流失量减少 87.8%，种植迷迭香时减少 79.2%。Arnáez 等(2015)通过收集不同土地利用类型下梯田的侵蚀数据发现：稻田侵蚀量小于 lt/(hm²·a)，木薯或抛荒梯田的侵蚀量高达 80t/(hm²·a)以上，野草、生姜或混合旱作梯田的侵蚀量为 10～40t/(hm²·a)，梯田田坎的侵蚀量最高，达 200t/(hm²·a)以上，杂草和其他类型的地被植物对减少土壤流失也起着重要作用。

此外，水平梯田在减少自身水沙的同时还会截留上方含沙水流。刘晓燕等(2014)提出，梯田生态系统的减沙作用长期以来都可能被低估了，当考虑梯田田面减水减沙作用、梯田对上方水沙的拦截作用以及通过减少坡面径流而减少下游沟谷产沙量的作用时，梯田的土壤保持作用更大。但也有一些学者得出截然相反的结论，如 Critchley-WRS 等(1995)认为梯田不具有水土保持能力，农业措施会影响梯田内物质比例的再分配，随着梯田数量增多，特别是陡坡地修建的梯田会演变成严重的侵蚀灾害。Bellin 等(2009)则认为梯田的存在增加了两个连续台阶之间的水文梯度，加重梯田边缘的侵蚀，当土壤疏松、易于膨胀时这种现象更为严重。

1.4.3　改良土质

梯田土壤的物理性质对水分、热量和化学物质的迁移起着主导作用，是梯田涵养水源、保障粮食安全、恢复退化生态系统的基础。殷庆元等(2015)以金沙江干热河谷试验区不同土壤类型、修建年限及地埂生物种类的梯田为研究对象，发现与坡耕地相比，新修梯田土壤的抗冲性及抗蚀性无显著变化，甚至有所退化，这可能与土壤结构破坏、原表土剥离和坡改梯初期土壤侵蚀加剧等有关，而随着耕作和管理利用时间的延长，老梯田土壤容重减小、孔隙度增大，水土保持能力显著增强。Rawat 等(1995)认为坡耕地改为梯田后，在集约农业措施下，梯田土壤结构得到改良，入渗强度增加，但梯田土壤的其他物理性质如土壤稳定性、容重和透水性等基本特征一般不会发生显著变化。在西班牙普里奥拉托，Ramos 等(2007)发现修建梯田后土壤水力传导性和团聚体稳定性下降，且梯田边坡的稳定性受到影响，有导致块体运动增加的风险，可能与梯田耕作年限、土地利用和具体的梯田管理措施有关。

梯田在拦截径流、泥沙，减少侵蚀的同时，也显著影响生态系统中 C、N、P 等营养元素的生物地球化学循环，阻止养分流失。梯田土壤养分的分布和变化受海拔、植物群落、土壤理化性质、地貌类型和水文过程等多种因素的影响。Shimeles 等(2012)认为梯田能减少因侵蚀导致的土壤颗粒及养分的流失，水平梯田减小了梯田内的肥力梯度，导致土壤肥力几乎不随梯田修建年限而变化。Abu Hammad 等(2006)在地中海地区的研究发现梯田能减少降雨诱发的土壤侵蚀，从而增加土壤有机碳(SOC)、Mg、Ca、K 的含量。角媛梅等(2006)研究了元阳县梯田景观中地表水营养物质的时空变化特征，结果表明梯田田水中总氮(TN)和总磷(TP)的含量及其变幅的空间分异都是春季高；梯田区河沟水中营养物质含量变幅在空间上则表现为梯田田水>梯田区河沟水>森林区河沟水的特点。

修建梯田使原地貌发生明显改变，降低水土流失的同时也有效固持土壤有机碳。据 Lal(2001)的估计，全球水土流失治理的固碳潜力为 1.47～3.04Pg/a。邱宇洁等(2014)以不同年限坡改梯田为研究对象，分析了陇东黄土丘陵区梯田 SOC 的时空分布特征，发现在坡改梯后近 50a 内，农田 0～60cm 土层 SOC 处于持续累积状态，20～40cm 与 40～60cm 土层 SOC 含量较坡耕地分别增加 54.6%和 52.4%。李龙等(2014)认为地形因子和人类活动影响梯田 SOC 的分布，在内蒙古赤峰市研究发现，水平梯田 SOC 含量随坡位的变化均表现为上坡位<中坡位<下坡位，不同坡向上 SOC 平均含量表现为阴坡>半阴坡>半阳坡>阳坡，人为因素如秸秆还田、免耕等措施有助于提高梯田 SOC 含量。李凤博等(2012)在浙江省云和县的研究发现，梯田 SOC 平均密度为 4.14kg/m²，其变化受地形、土地利用方式及土壤化学性质等因素影响，从坡向看，南北坡比东西坡 SOC 密度高，不同土地利用方式下 SOC 密度大小排序为果园>茶园>水田>旱地。

1.4.4　提高作物产量

　　水土流失已威胁到世界许多地区的粮食安全并影响人类福祉，梯田发挥水土保持作用、提高土壤质量的同时也促进了粮食的高产稳产。Abu Hammad 等(2005)在巴勒斯坦研究了试验小区连续两年的作物产量，第一年修建梯田与未修梯田的干物质量分别为 $1570kg/hm^2$、$630kg/hm^2$，第二年分别为 $2545kg/hm^2$、$889kg/hm^2$。Liu 等(2011)研究发现，黄土高原地区修建 3a 的梯田作物产量比坡耕地(>10°)提高 27%，在后续耕作年份，作物产量还将提高 27.07%～52.78%。甘肃省庄浪县的梯田面积为 $56679.60hm^2$，修建梯田后，粮食产量增加 $5×10^4t$，产值增加约 75.531 亿元。在秘鲁安第斯山脉修建水平梯田 2～4a 后，土壤性质(如肥力、入渗性)并没有明显变化，由于比邻近坡耕地种植密度增大，作物产量提高约 20%。Sharda 等(2015)在印度半干旱区连续 9 年的研究发现，水平梯田由于增加了作物产量，比传统耕作净现值(NPV)提高 56%、效益成本比增加 6%，梯田面积与传统耕作面积比例为 3:1 时能最有效地提高作物产量,减少极端降雨事件导致的侵蚀风险。Xu 等(2011)在陕西燕沟流域研究了不同地形条件下坡改梯对粮食产量的影响，当原坡地为 15°时，玉米、大豆、绿豆产量分别增加 6.35%、2.8%、1.79%，当原坡地为 25°时，产量分别增加 16.74%、5.58%、4.55%。

1.4.5　保护生物多样性

　　生物多样性是人类生存和发展的基础，它决定生态系统的复杂性和稳定性。梯田建设增加区域的景观异质性，有利于促进生态系统的能量流动和物质循环，减小扰动的传播，维护生态系统的生物共生关系。近几十年的集约农业和造林工程导致许多无脊椎动物濒临灭绝，人造栖息地可能为这些生物提供避难场所。Kosulic 等(2014)研究了捷克葡萄园梯田的蜘蛛群落，并调查了从微生境到景观尺度梯田对生物多样性的影响因素，认为梯田建设增加区域景观异质性，有利于保护当地蜘蛛种群的多样性。徐福荣等(2010)采用半问卷式和农村参与式评价方法，在村寨和农户两个水平调查了元阳哈尼梯田种植的稻作品种多样性，发现在所调查的 30 个村寨 750 户中，共种植水稻品种 135 种，包括100 个传统品种、12 个杂交稻组合和 23 个现代育成品种，认为梯田景观的高度异质性和民族文化习俗是维持哈尼梯田稻作品种多样性的重要因素，并建议将元阳哈尼梯田作为稻作传统品种多样性农家就地保护区。Pereira 等(2005)在葡萄牙的 Sistelo 地区调查发现，农业梯田被橡胶林和灌木林取代后，其生物多样性减少，供给服务能力下降。

1.4.6　减缓自然灾害

　　近年来，气候变化已经影响到世界上许多地区的水文、陆地和海洋生态系统，随着全球气候变暖，干旱、洪水、饥饿和瘟疫将成为 21 世纪人类的严重威胁。梯田水土保持措施能够对降雨径流进行时空再分配，不仅能减少汛期河道洪水量，起到蓄洪作用，而且能够在非汛期对河道径流进行补给，起到补枯的作用，增强生态系统的抗逆能力。吴家兵等(2002)通过对梯田的蓄水拦沙效应、坡改梯水分小循环与河川径流大循环的关系、坡改梯对生态环境演变影响的分析，指出长江上游、黄河中上游的坡改梯工程增强了水分小循环，削减了入河水沙量，其中减水有利于长江、黄河汛期的防洪减灾，减沙减缓了长江、黄河河道及湖泊水库泥沙的淤积。Sharda 等(2002，2015)对印度水平梯田的研究表明，水平梯田一定程度上能减轻土壤侵蚀、缓解水资源短缺、减轻洪水灾害等，对半干旱地区农业发展具有良好的生态和经济效益。Liu 等(2004)基于 FEMWATER 模型对台湾北部水稻梯田的地下水补给河道径流情况进行分析，结果表明水稻梯田中的21.2%~23.4%的灌溉用水可补给地下水。

1.5 梯田水文生态系统的理论分析

一定的水文系统将产生一定的生态系统，一定的生态系统包含或受制于一定的水文系统，两者的耦合作用产生了水文生态系统。梯田使得水文系统发生了变化，产生了梯田水文生态系统(李仕华，2011；李佩成等，2019)。

1.5.1 水文生态系统的概念

水文生态系统是由水文系统和生态系统复合而成的复杂系统，即集水文循环与生态进化及其共同的自然环境和人工环境于一体的，具有耗散结构和远离平衡态的、开放的、动态的、非线性的复杂系统。

水文系统和生态系统之间存在着相互作用的关系。水文系统影响、制约了生态系统，生态系统的变化反映了水文系统是否与自然界和谐。生态系统中的植被类型、格局、结构等变化能够通过调节小气候，影响到一定尺度范围的水文系统循环变化。

1.5.2 梯田水文系统

1. 概念

梯田水文系统是指以梯田本身截留纳渗为主体的雨水收集系统和以坝库水窖为辅的雨水储蓄系统以及雨水导流系统等子系统共同构成的水文系统。其作用是为高效利用水土资源而引导、收集、蓄存地表径流。梯田水文系统深深地影响了地表水循环。

梯田水文系统具有以下特征。

(1)截留纳渗性。梯田是一种田间工程措施，属于雨水集蓄利用技术的一种。梯田本身构成了水文循环系统的一个部分或者环节，通过自身的截留纳渗及承接其他下垫面的径流参与了水文过程，即在降雨、截留、下渗、填洼、流域蒸散发、坡地汇流和河槽汇流等水循环过程中，梯田参与了水循环过程。梯田田面构成了水循环的下垫面，截断了原坡面坡长，既接纳了承雨面上的降雨，又截留了原坡面径流。截留纳渗是梯田水文系统的主要特征。

(2)降水收集性。梯田不仅本身直接接纳了降水，而且梯田的道路集流面、梯田村庄院落硬化处理后的人工集流措施、沟壑山谷的季节性洪水等也常常是导致梯田接收地表径流、洪水的因素。虽然道路集流面、院落是排斥雨水纳渗的雨水集蓄技术，然而它们却构成了梯田水文系统的一个重要的下垫面组成部分。例如，通过人工干预，可以将雨水产生的地表径流引入梯田，加以利用。

(3) 雨水转换性。它有两层含义：一是梯田水文系统通过降雨就地入渗，能够在降水过程中，及时、迅速地将地表径流就地吸收，将地表水转换成土壤水(地下水)，为"三水"转换的一个重要界面；二是由于流域产流的面状整体性与汇流线状局部性的"局部性与整体性"关系作用，梯田水文系统将大气降水及其坡面径流吸纳入土壤中，增加了"土壤水库"的入渗量，相应地减少了流入沼泽、湖泊和河流的径流。由多级台阶田块组成的大面积梯田，改变了坡面、小流域的水文系统，从而由局部性的活动影响了整体的水文生态系统。

2. 水文过程

自然状态下，降水在陆表系统被植被冠层截留后，经过下渗、填洼、形成蓄满产流(或超渗产流)后，产生的坡面径流会沿着坡面流入河网之中。

坡地改梯田后，削短了坡面的坡长，不同程度地拦蓄了坡面径流，增加了下渗机会，使梯田下渗量增加，则地下水和土壤水得到大量的补充，从而使流域水循环发生改变(如洪水过程平缓，起到了削减洪峰的作用)。

修建梯田使得下垫面的水文过程受到如下影响：

(1) 坡面径流系统受到限定约束。原有的顺坡方向发育产生的坡面漫流等顺畅的径流系统被抑制，坡面长坡被截断为短坡，坡面变成了零度坡面。

(2) 将地表水变成了土壤水。由于梯田田面的拦截作用，消失了的坡面径流转化成了积水状态下的"水面"，加大了截留、填洼的入渗过程，调节了降雨量的空间分配，增加了一个人工就地拦蓄的水文侧支循环，从而增加了土壤水分。

在修筑梯田之前，由于坡面的存在，形成的冲沟极易产生坡面流，在坡面水文系统中，产生了一个"坡面-冲沟"侧支循环，为坡面流提供了一个顺畅的通道。修筑梯田以后，这种"坡面-冲沟"侧支循环系统被破坏，使得梯田拦截系统的蓄水"水库"取代了坡面流系统，从而局部地改变了水循环过程。

在水循环过程中，梯田使得降雨入渗作用迅速加强，而与之伴生的则是减少或抑制了坡面径流，甚至使范围内的全部降雨就地入渗。在黄土高原地区，土壤具有"点棱接触支架式多孔结构"的高渗透性和高蓄水性固有属性，为降雨入渗提供了顺畅的通道。其结果是，梯田将本应属于坡面径流流失的那部分径流量，纳入到土壤中来，将非积水入渗转换成积水入渗，或者说将无压入渗或自由水入渗转换成积水入渗或有压入渗，从而增加了土壤储水量。

3. 构成

梯田水文系统各个子系统与梯田发生了以水文过程为主要内容的物质能量交换。这个系统是梯田与水文系统相互作用、相互耦合的复杂系统，是一个开放的、动态的系统。

梯田水文系统是由梯田、梯田田埂、路面村庄集水等子系统构成的。

水平方向上，单块梯田只构成了条带状的等高程面状田面；在垂直方向上，多级梯田田面具有等高程的递增或递减效应(自下而上或自上而下)。与这种空间结构相对应的各个不同村庄、路面、梯田田埂等集流系统都指向了梯田，将收集的雨水流向了梯田，形成了梯田集流场。此时，梯田不仅是增加"土壤水库"的截留纳渗的储蓄系统，而且也是收集梯田自身之外的雨水的多次序、多高程、多台阶的集水系统(地面径流的源汇项洼地)。如果遇到强降雨，梯田可以将不能及时吸纳的多余的降水排入梯田水窖，待干旱时灌溉使用。

1) 梯田田埂集流系统

梯田田埂面积占梯田面积的 5.4%~14.7%。梯田田埂本身吸纳了大气降水，与此同时，产生的坡面径流流到了下一级梯田田块中。在众多的梯田类型中，连台梯田的田埂较短，而隔坡梯田的坡面相对较长，坡面径流能够补给梯田，从而构成了梯田接纳水分的一项来源。梯田田埂既保留了原坡面的部分地形，又被梯田截断了坡长，因此，梯田田埂集流系统既接受了部分降雨入渗，同时，又将产生的坡面径流引向下级梯田的田面。多级梯田的情形与此类似。

2) 村庄集流系统

在黄土高原区，山、水、田、路、村寨是连在一起的，村庄呈斑块状分布在梯田的周围。位于梯田上部的村庄，在降雨时，屋面、庭院等产生的季节性地面径流，通过村庄、路面、沟渠等流向大面积的梯田，成为梯田灌溉的水源。

3) 路面集流系统

路面集流系统接纳了田间道路产生的坡面径流，构成了梯田水文系统的一个部分。利用梯田路面、村庄道路等产生的径流时，不需要固定的渠系将径流(洪水)引入梯田。在塬区和丘陵区，可以将道路梯田开口，把洪水引入梯田。基本做法与经验和山洪漫地大致相同，但不需要修筑固定的工程设施。暴雨季节形成的地面径流，都可以用这种路面集流系统，去间歇性地浇灌众多的梯田田块，无数的路面集流系统的层层叠加，就形成了黄土高原地区特有的路面集流系统。

4) 水窖储蓄系统

水窖是一种在干旱地区(如黄土高原)修筑的蓄水工程。在雨水集蓄利用工程中，水窖是十分普遍的蓄水工程形式之一。在路旁水流汇集的地方，挖掘瓶状土窖，内壁及底部均有防渗设施。除供人畜饮用外，还可浇灌梯田田块，达到了雨水蓄水综合利用的目的。

在遇到特大暴雨时，梯田不能及时地将降水入渗，那么可以将暴雨期间入渗不完的水储存在水窖里，到干旱时浇灌下一级梯田田块。

水窖是梯田水文生态系统的一个组成部分，也参与到了水文系统循环过程中。水窖储蓄的水，可能是来自路面的地表径流，也可能是来自梯田超渗的地表径流。暴雨洪水在经过梯田截留纳渗之后，多余的雨水资源通过梯田水窖集蓄起来，水窖溢满后，可以浇灌下一级梯田，也可以流到沟坝水库中。在干旱的季节可以将水窖储蓄的洪水浇灌下一级梯田田块。

5) 沟坝水库储蓄系统

沟坝水库是就近拦蓄地表径流的一项工程措施，也是控制水土流失的最后一道防线。沟坝水库储蓄系统包括沟坝淤地、谷坊、水库等截水设施。沟坝水库储蓄系统与梯田水窖储蓄系统功能相似，不同的是它们所处的位置不同，沟坝水库储蓄系统处于支沟到主沟道的沟谷处。在干旱的季节，可以引沟坝水库中的水灌溉梯田，既可以通过泵站灌溉上一级梯田，也可以在适当的高程通过自流灌溉下一级梯田。

1.5.3　梯田水文生态系统

1. 概念

梯田水文生态系统是指以梯田为研究对象的水文生态系统，是人们为达到保水、保土、保肥等目的在坡面上修筑等高状的台阶式田块，因陆表系统发生变化而形成的水文生态系统。它涉及梯田、水文系统、生态系统，彼此之间构成了一个有机的整体。

梯田水文生态系统是由梯田、水文系统和生态系统构成的。梯田是一种人工生态系统，它具有生态系统的基本功能、结构和特点，如相互依存与制约的互生规律、物质循环转化与再生规律、物质输入与输出的动态平衡规律、环境资源的有效利用规律等。所以，由梯田水文系统与梯田生态系统相互作用形成的独特的梯田水文生态系统，就同时具有梯田水文系统与梯田生态系统的基本功能、结构和特点。

梯田本身是一个特殊类型的水文系统。这种特殊性相对于坡地而言，更具有截留纳渗，加速局部水循环的特点。梯田由于其种类不同，产生的功能和作用也不同。作为特殊水文系统的梯田本身，与梯田田埂、水窖储蓄集流等梯田水文系统，直接改变了原来坡面系统中降水的空间分布及水的运动与循环路径。由此，梯田中的水文循环与土壤-植物-大气重新建立了相互耦合关系，相互适应与补偿的协同进化关系更加密切。在干旱半干旱地区，第一，水资源短缺是制约生态及其环境发展或改善的重要因素；第二，依据生态学最小因子定律，水是影响干旱半干旱地区植被生成与分布的限制性因素；第三，梯田具有保水、保土、保肥的作用。由于以上三点，梯田为植被的生长提供了充裕的水因子保证，从而使得"光-热-水-土-气-植"处于良好状态，为生态系统的良性发展提供了有力的支持。

如前所讲，梯田会将坡面上浅沟、洞穴等雨水冲刷形成的冲沟切断，防止雨滴侵蚀、片蚀、细沟侵蚀等面蚀，浅沟、冲沟等沟蚀，以及其他类型的水力侵蚀。坡地经过改造后，形成了如连台水平梯田、反坡梯田、隔坡梯田等不同类型、不同规模的梯田系统，改变了原来的坡面陆表系统。在此基础之上，梯田田面种植栽培作物(如农作物、药用植物、经济植物)，梯田埂上栽种乔灌草(如柿树、柠条、怪柳、花椒、黄花)等植被，形成了梯级状的农林复合生态系统。

2. 组成要素

1) 梯田微地形小气候系统

微地形小气候系统由光、温、降水、风等气象因素组成。微地形小气候受坡地地形及海拔的影响。地形有迎风面和背风面，有阳坡和阴坡，不同的位置，温度差别非常大。判别地形气候的主要指标是大于或等于10℃的积温和年平均降水量。

一定条件下，气温等气候指标沿着等高程的水平梯田田面变化甚微，但是沿着垂向高度变化较大。由于梯田田面处于不同的海拔，气温随海拔的不同而变化，在相对高差几米到几百米，水平距离在几米到数千米范围内，微起伏地形表现出来的小气候是不同的。

一般来讲，海拔每升高 100m，气温会下降 0.4～0.7℃。在相同的海拔下，温度呈现南坡>西坡>东坡>北坡的特点。最冷的北坡和最暖和的南坡气温相差 3.4℃，南坡比西坡气温高 0.3℃，西坡比东坡高 0.6℃，高差为 200～400m 的山顶和平地气温相差 4℃。由于梯田等高面存在，形成了在一定坡度和不同坡向下的沿着水平方向的"等高线"和"等温线"两条曲线；不同坡向下的同一高度的梯田，具有相同或相似的温度、土壤、降水量等。

梯田的田埂高度和田面宽度等"构造"形式和植物(作物)的种类对微地形的气候也有影响，如内壁田埂的裸露反射，影响小气候(温度)的变化等。微地形小气候系统是梯田水文生态系统重要的生境条件之一。

2) 梯田土壤生态系统

土壤生态系统由土壤的理化性状、微生物状况、土壤含水量、土壤温度等因素组成；由于梯田的修筑采用里切外垫、生土搬家、死土深翻、活土还原的方法，因而梯田的内外侧土壤结构、孔隙度、容重和土壤含水量等物理性质、微生物状况等产生了差异。

旱作梯田表面距田埂越近，越靠近外部，越接近土壤表层，土壤湿度越小；由梯田外侧向内侧方向，土壤含水量有逐渐增大的趋势。研究表明，梯田 1m 高田坎土壤水分损失 10.9%，2m 高田坎土壤水分损失 11.2%。与之相应的梯田内侧、中部和外侧的土壤含水量也不相同。

一般而言，坡向和坡度对土壤温度影响较大。因为坡地接受的太阳辐射因坡向和坡度的不同而有差异，土壤蒸发强度不同。大体上，北半球的南坡为阳坡，太阳光的入射角大，接受的太阳辐射和热量较多，蒸发也强，土壤干燥，致使南坡的土壤温度比阴坡高。北坡是阴坡，状况与阳坡相反。

土壤生态系统还包括各种动物和微生物。它们作为生态系统物质循环中的重要活动者，在生态系统中起着重要的作用，一方面积极同化各种有用物质以维系自身的生命，另一方面又将其排泄物归还到环境中不断改造环境，对土壤有机物质进行分解，将其转化为易于植物利用或易矿化的化合物，并释放出许多活性钙、镁、钾、钠和磷酸盐类，对土壤理化性质产生显著影响。例如，蚯蚓能大量吞食土壤，分解有机质提高土壤肥力，促进土壤团粒结构的形成，改善土壤物理性质。梯田使得土壤动物仅能在水平方向上活动，上下活动受到了限制。

3) 梯田作物生态系统

梯田作物生态系统不同于一般的天然森林、草被等自然生态系统，也不同于平原的农业生态系统。如果梯田(植物)作物的高度超出了田坎的高度，那么光热资源就可以得到充分的利用；如果梯田(植物)作物的高度低于田坎的高度，那么光热资源就不能得到有效的利用，部分光照辐射到了梯田埂壁。

由于田坎和作物等不同"介质"对光照的辐射吸收不同，因此，反射到微地形中的热量也不同。照射到叶面上的光，能被植物吸收 75%～80%，叶面反射 10%～23%，穿过叶片透射下来的光约 2%。反射和透射能力，因植被类型、叶的厚薄、植被密度不同而不同。在梯田作物生态系统中，由于梯田上下单元的高度不同，靠近梯田田坎处的作物及其秆茎叶片，能大面积接收到太阳光的辐射，阳光很容易透进来，作物内部和下部的叶片对发射、散射和透射光的利用要充分得多，光能利用效率很高，作物的通风性也较好。

杨开宝和郭培才(1994)对陕北丘陵沟壑区梯田外侧谷子单株产量进行测定，结果表明，作物最大产量位于距离梯田田坎130cm处，距田坎近的一侧谷子产量水平相对较低。相同条件下，坡耕地的单株产量为11.46g，与距梯田田坎85cm处的产量持平。换句话说，在距离田坎0~85cm范围内谷子单株产量均低于相同条件下的坡耕地单株产量。这一范围内平均单产较坡地减少18%左右。这里我们可以得出结论，相同条件下同一块梯田单元内外侧的作物产量表现出了不同程度的差异性，这是梯田与别的农田系统的区别所在。

梯田作物系统的特点：一是人的作用非常突出，作物系统呈现出条带状分布格局；二是生态系统的组成成分比较单纯，以人工种植的农作物为主。

4)梯田培肥系统

梯田培肥系统包括增加有机肥、合理轮作、种植绿肥、秸秆还田、深耕翻挖等。修筑梯田后，田面内侧与外侧土壤结构存在着较大差异。土壤的犁底层、心土层等层序被扰动，土层打乱，生土露出田面，土壤肥力下降，速效养分含量不足。因此，对梯田进行耕作培肥，加深梯田(内侧)的翻耕，对于增加粮食产量尤其重要。旱作梯田，在光、热条件一定情况下，若是深翻耙糖、改造土壤、补充土壤养分，就可以使得作物产量增加。

梯田培肥系统与雨水利用系统密切关联。大量使用化肥致使土地板结、肥力下降、农业土壤生态环境受到破坏。通过适时补肥、配方施肥等科学施肥技术，可以使土壤肥力增加、土质疏松，达到培肥地力与水肥耦合效应，从而改善农业生态环境。

3. 结构

朱显谟院士提出的黄土高原治理方略可总结为，"全部雨水就地入渗拦蓄，米粮下川上塬，林果下沟下岔，草灌上坡下坬"。而梯田水文生态系统是其中一部分，其格局和景观是，"沙棘戴帽子(梁顶林带)，梯田缠山腰沟，坡系带子(护坡林网)，坝塘谷坊锁沟道"，呈现出"林草-梯田-河流(坝)"垂直特性。

1)梁峁顶林带

梁峁顶位于梯田水文生态系统的上部，为不同尺度流域的局部分水岭。一般来讲，其光热资源较之于山坡和谷地充足，土壤含水量相对较低。因此，在梁峁顶处，沿着梁峁营建以草皮、沙棘、刺槐、油松、柳为主，草灌乔混交的梁峁生态防护林带，涵养林地，防止水土流失。在已有的植被郁闭度较高的林带封山育林，保护林地。例如，六盘山森林覆盖率为72.8%，被誉为"高原绿岛"。有植物788种，乔木林2.6万hm²，六盘山西麓山地海拔为1900~2857m，是葫芦河支流水洛河的发源地，生长针、阔混交的天然森林群落和人工沙棘林带0.8万hm²，林带生态环境良好，植被盖度高，是黄土高原人畜饮水工程的水源地和重要水源涵养林地，要严格保护这样的林带。

2) 梯田及其埂坎植被

梯田处于坡地系统空间结构的中部。在水平梯田上，林粮、林杂、林药间作模式［如干果经济林(核桃、苹果、红枣经济林等)］构成了梯田水文生态系统的重要组成部分。

此外，梯田田埂的植被也是梯田水文生态系统的重要组成部分。应合理利用和保护梯田埂坎，建造不同类型的植被，形成不同的生物埂。一是以柿树、苹果、杏树等经济林木为主的乔木生物埂。其不仅可以固结埂坎，减轻径流侵蚀，而且能够充分利用土地资源，增加经济收益。这些生物埂植物根系深、同时冠层的覆盖可避免雨水冲刷埂坎。二是灌木生物埂。研究认为，酸枣、紫穗槐、柠条、花椒等都是较好的护埂植物。三是草本植物生物埂。有些梯田埂坎可以栽植苜蓿、黄花、草皮之类的多年生草本植物。

3) 沟道坝系

黄土高原地区沟壑纵横，支离破碎。从毛沟向支沟到主沟逐级修筑淤地坝，可封堵自河道(谷)源头向下游输送泥沙的通道，有效防止沟岸扩张、沟底下切、沟头延伸，减轻沟道侵蚀。以坝系建设为基础，上游建设骨干坝，下游构筑地坝，沟边开挖排洪渠，拦洪淤地建设基本农田。

沟道是流域内物质能量与外界交流的通道。沟道坝系拦截了这种物质能量与外界交流的联系，将半开放的系统，有目的地转变成封闭的系统，促进水土保持事业向良好的态势发展。沟道坝系处于山坡梯田的下部，既是防止水土流失的最后一道防线，又是梯田水文生态系统的一个部分。沟道坝系工程干支沟各级坝系自成体系，河流两岸、堤坝两侧和水库周围种植的树木与梯田优势互补，共同组成了功能齐全的生态系统。

第2章 哈尼梯田生态系统

2.1 哈尼梯田概况

哈尼梯田主要分布于云南省红河哀牢山南段的元阳、绿春、红河、金平等县，规模 $7.0 \times 10^4 hm^2$，其核心区是元阳县，境内就有 $2.64 \times 10^4 hm^2$，集中连片的达 $700 hm^2$（解明曙和庞薇，2007；角媛梅，2009）。

哈尼梯田是以哈尼族为主的民族，利用哀牢山区地貌、气候、植被、水土等立体特征，创造出的与自然生态系统相适应的良性农业生态系统。它在云南亚热带哀牢山大山原地理环境中，在哈尼族长期的农业实践和社会发展中不断发展和完善，形成了一整套较为科学、严谨的梯田耕作程序，以及相应的富有民族传统文化精神的土地、森林和梯田管理制度。

哈尼梯田生态系统呈现出以下特点：每一个村寨的上方必然矗立着茂密的森林，提供着水、用材、薪炭，其中以神圣不可侵犯的"祭寨神林"为特征；村寨下方是层层相叠的千百级梯田，其为哈尼族人生存发展提供基本条件——粮食；中间的村寨由座座古意盎然的蘑菇房组合而成，形成人们安度人生的居所；梯田下方是河流。溪流系统将森林、村庄、梯田、河流联系在一起。这一结构被文化生态学家盛赞为森林—村庄—梯田—河流"四素同构"（图 2-1）的、人与自然高度协调的、可持续发展的、良性循环的生态系统（元阳县地方志编纂委员会，2009）。

图 2-1　哈尼梯田景观

1995 年，法国人类学家欧也纳博士来元阳县观览老虎嘴梯田，称赞："哈尼族的梯田是真正的大地艺术，是真正的大地雕塑，而哈尼族就是真正的大地艺术家！"2013 年

6 月 22 日在第 37 届世界遗产大会上哈尼梯田被成功列入联合国教科文组织世界遗产名录。

哈尼梯田之"奇"可归纳为六个方面。①层级多：在缓长的坡面上形成的梯田最长达 3000 多级；②落差大：梯田的高下垂直落差最大有 2000 多米；③规模大：哈尼梯田面积达 $7.0 \times 10^4 \text{hm}^2$；④历史长：有人持哈尼梯田出现于西汉时期或隋唐时期的看法，即使按照最晚的一种说法，哈尼梯田形成于明代中期，距今也有 500 多年的历史；⑤景色秀：与广布的梯田融为一体的云海、日出日落、山寨等景色异常秀美，构成一处处景区；⑥内涵深：哈尼梯田作为人文景观、自然景观的结合，被国外艺术家称为"大地艺术""大地雕刻"，它所蕴含的意义还很深邃，有待从不同角度进行挖掘。哈尼梯田社会是我国历史上人类营造家园的一个典型(侯甬坚，2007；解明曙和庞薇，2007；角媛梅，2009)。

2.2　哈尼梯田分布及空间结构特征

哈尼梯田核心区元阳县的气候属于亚热带山地季风气候。境内温差小，四季不明显，干湿季分明，多雨区和少雨区明显，降水水平分布复杂，垂直变异突出，高山区常年多雾，呈"云海"奇观。在红河、藤条江两大水系的长期侵蚀、切割下，形成了峡谷幽深、重峦叠嶂、沟壑纵横、溪流湍急的深切割中山地貌类型，县内无一平川，山高谷深，最高海拔 2939.6m，最低海拔 144m。

2.2.1　分布特征

1. 面积分布特征

哈尼梯田在 Google Earth 上纹理特征清晰，边界分明。根据高精度遥感影像 ArcGIS 面积统计可知，截至 2010 年底，元阳县梯田总面积为 26363.02hm^2，主要分布在哀牢山脉南端，元阳境内的全福庄、坝达、麻栗寨、箐口、勐品、老虎嘴等地是梯田连片集中分布区。

由于哈尼梯田随山势地形变化而开垦，坡缓地开垦大田，坡陡地开垦小田，因此，梯田面积分布变化较大。从地形分析结果来看，单块梯田分布面积一般不大，集中在 $0 \sim 2\text{hm}^2$，面积 $>10\text{hm}^2$ 的单块梯田分布较少。图 2-2 为梯田面积分布的频数直方图。从统计结果来看，梯田分布的最小面积为 0.01hm^2(统计的最小有效单位)，最大面积为 49.45hm^2，梯田分布的平均面积为 3.53hm^2。$0 \sim 0.5\text{hm}^2$ 的梯田比重最大，占总面积的 31.27%，说明小面积梯田分布较多。梯田面积频数分布的偏度指数为 3.614，说明梯田面积分布频数不符合正态分布，且面积分布有一个较长的右尾。峰度指数为 14.802，远大于 0，说明面积分布要高于正态峰值。综合分析可以进一步看出，面积的分布频数集中在小面积斑块。

将 7458 个梯田斑块以 1hm^2 为单位划分为 $1 \sim 20\text{hm}^2$ 及 $>20\text{hm}^2$ 的 21 个区间，将每个区间内的梯田面积和斑块数进行统计，结果如图 2-3 所示。从图 2-3 中可以看出，梯田分布面积主要集中在 $0 \sim 4\text{hm}^2$，占总斑块数的 80% 以上，但单个斑块面积较小，只占总梯田面积的 23%，单个斑块面积较大的梯田个数较少，面积在 10hm² 以上的斑块数占总梯田斑块数的 5%左右，每个面积区间的斑块数均小于 1%。

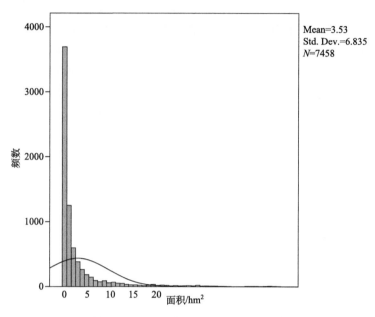

图 2-2　元阳县梯田不同面积分布频数

Mean 为平均值；Std.Dev.为标准差；N 为样本数；下同

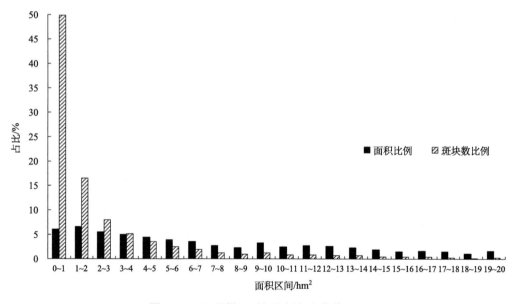

图 2-3　元阳县梯田面积比例与斑块数比例

2. 海拔分布特征

图 2-4 为元阳县梯田海拔分布的频数直方图。从图中可知，梯田分布的最低海拔为

217m，最高海拔为 2388m，梯田分布的平均海拔为 1132.68m。25%以上的梯田分布在 836m 以下，75%以上的梯田分布在 1122m 以下。梯田海拔频数分布的偏度指数为 0.06，说明梯田面积的分布频数近似正态分布，分布稍有右偏。峰度指数为–0.422，小于 0，说明面积分布要低于正态峰值。综合分析可以进一步看出，梯田斑块的海拔分布近似于正态分布，集中分布在峰值左右，频数分布的峰值要低于正态分布。

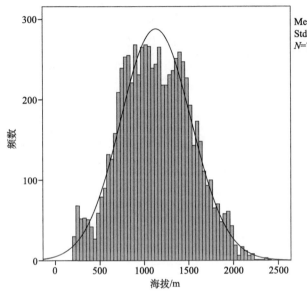

图 2-4　元阳县梯田不同海拔分布频数

将 7458 个梯田斑块以海拔间隔 100m 为单位划分为：<300m、300～2000m 及>2000m 等 19 个海拔区间，对每个区间内的梯田面积和斑块数进行统计，结果如图 2-5 所示。可以看出，梯田的海拔分布呈现出先增加后减少的特征：随着海拔增高，梯田的斑块数和面积均呈增加的趋势，海拔 700～1500m 的梯田斑块数没有显著变化，随后降低。海拔 1000～1100m、1100～1200m、1200～1300m 的梯田斑块面积均超过 10%，达到峰值，随后降低。

3. 坡度分布特征

根据《森林资源规划设计调查技术规程》（GB/T 26424—2010，简称《规程》），结合地形分析结果，坡度可分为如下 6 个等级。Ⅰ级为平坡：<5°；Ⅱ级为缓坡：5°～14°；Ⅲ级为斜坡：15°～24°；Ⅳ级为陡坡：25°～34°；Ⅴ级为急坡：35°～44°；Ⅵ级为险坡：≥45°。

图 2-6 为元阳县梯田坡度分布的频数直方图。从统计结果来看，梯田分布的最小坡度为 0.7°，最大坡度为 58.6°，梯田分布的平均坡度为 20.4°。25%以上的梯田分布在 14.6°坡度以下地区，75%以上的梯田分布在 26°坡度以下地区。梯田坡度频数分布的偏度指数为 0.155，说明梯田坡度的分布频数近似正态分布，分布稍有右偏；梯田坡度分布的频度峰度指数为–0.171，小于 0，说明坡度分布的峰值要低于正态峰值。综合分析可以进一步看出，梯田斑块的坡度分布近似于正态分布，集中分布在峰值左右，频数分布的峰值要低于正态分布。

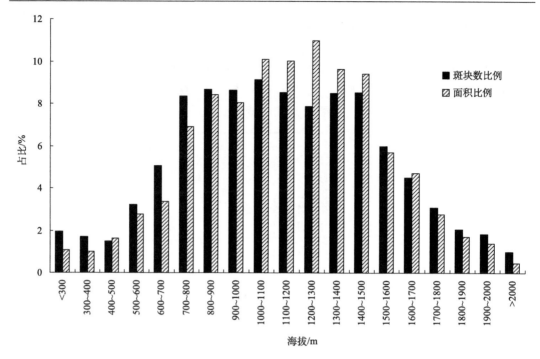

图 2-5　元阳县梯田不同海拔的面积比例与斑块数比例

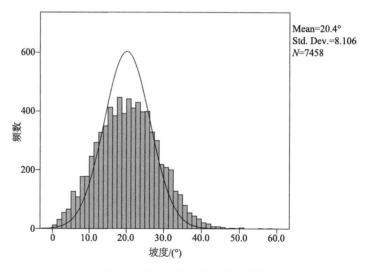

图 2-6　元阳县梯田坡度分布频数

将 7458 个梯田斑块划分为 6 个坡度等级，具体结果如图 2-7 所示。从图中可以看出，在平坡和险坡分布的梯田较少，大部分梯田集中分布在缓坡、斜坡和陡坡，分布在这 3 个坡度等级的梯田斑块数占梯田总数的 95% 以上，而在这 3 个等级中，无论是从分布的斑块数，还是分布的面积来说，斜坡的分布又是最多的，分别占总梯田斑块数的 44% 和总梯田面积的 46%。

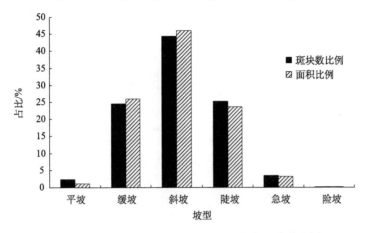

图 2-7　元阳县梯田不同坡型的面积比例与斑块数比例

4. 坡向分析

根据《规程》，结合地形分析结果，将坡向分布划分为 8 个类型，具体如表 2-1 所示。

表 2-1　坡向划分标准

序号	名称	方位角/(°)	序号	名称	方位角/(°)
1	北坡	338～360，0～22	5	南坡	158～202
2	东北坡	23～67	6	西南坡	203～247
3	东坡	68～112	7	西坡	248～292
4	东南坡	113～157	8	西北坡	293～337

图 2-8 为元阳县梯田坡向分布的频数直方图。通过分析计算，梯田坡向频数分布的偏度指数为 0.03，说明梯田面积的分布频数近似正态分布，分布稍有右偏；峰度指数为 -1.4，小于 0，说明坡度分布的峰值要低于正态峰值。综合分析可以进一步看出，梯田斑块的坡度分布近似于正态分布，集中分布在峰值左右，频数分布的峰值要低于正态分布。

将 7458 个梯田斑块划分为 8 个坡向等级，具体结果如图 2-9 所示。从图中可以看出，无论是梯田的斑块个数还是梯田的面积，在南坡和西南坡分布的梯田都较少。从分布的面积比例来看，北坡和东北坡分布的梯田较多，而从分布的斑块数比例来看，北坡、东北坡分布的梯田个数较多，西北坡分布的梯田斑块数较多，也就是说西北坡分布的梯田面积比较破碎，斑块面积比较小，北坡、东北坡虽然分布的个数小于西北坡，但分布的面积并不少，即在北坡、东北坡分布的斑块平均面积较大，分布集中。

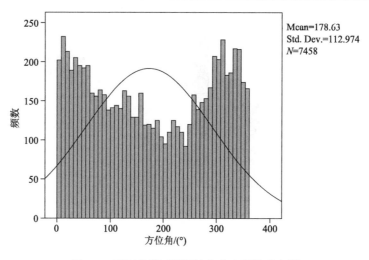

图 2-8　元阳县梯田不同坡向分布频数直方图

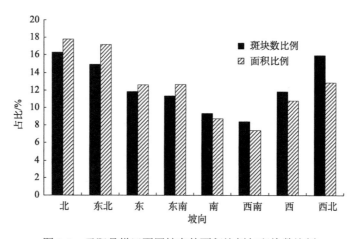

图 2-9　元阳县梯田不同坡向的面积比例与斑块数比例

5. 小结

元阳县位于哀牢山南部，受元江、藤条江水系深度切割，地形呈"V"字形发育，不易耕作。但经哈尼人千百年的垦殖，现有梯田面积达 26363.02hm²。由于梯田随山势地形变化，沟边坎下石隙也能开田，因而梯田面积大小不一，分布面积一般不大，集中在 1hm² 左右，尤以小于 1hm² 的分布最为常见，面积在 0～4hm² 的斑块占总斑块数的 80%以上。

哀牢山走向为 NW—SE，是云岭向南的延伸，也是云贵高原和横断山脉的分界线，其独特的地形、气候条件决定了哈尼梯田的壮丽景观与独特分布。由于山体相对高差大，气候垂直分布明显，从山麓至山顶植被具有明显垂直分布特征：由墨江河谷开始，西南坡海拔 1100～1800m 为思茅松林及季风常绿阔叶林带，1800～2200m 为云南松林及半湿性常绿阔叶林带，2200～2800m 为中山湿性常绿阔叶林带，2800m 以上为山顶常绿阔叶矮曲林及灌丛带；从元江河谷起，东北坡海拔 500～1000m 为干热河谷植被带，1000～

2400m 为云南松林及半湿性常绿阔叶林带,2400～2900m 为中山湿性常绿阔叶林,2900m 以上为山顶常绿阔叶矮曲林及灌丛带。不同的气候植被带分布着不同的民族,哀牢山元阳县境内共居一山的有 7 个民族,大致来说是按海拔高低分层而居的,1400～2000m 的上半山即为哈尼族居住地,这里气候温和,雨量充沛,年均气温在 15℃左右,全年日照 1670h,非常适宜水稻生长。哈尼族先民自隋唐之际进入此地区在大山上挖筑了水沟干渠,将沟水分渠引入田中进行灌溉,据统计,目前现存骨干沟渠 4653 条,其中灌溉面积达 3.33hm^2 以上的有 662 条。加之低纬度干热河谷区常年出现的高温使江河大量蒸发,水蒸气随着热气团层层上升,在高山"阴湿高寒区"受到冷气团的冷却和压迫,形成该地年均 180 天雾期和年均 1397.6mm 降水量,进而保障了梯田水源充足,因此元阳县梯田的分布中心为海拔 1000～1300m。

一般而言,坡度大于 18°就不利于发展种植业,我国的《退耕还林技术规范》规定,>25°林地不适合耕种,而元阳县哈尼梯田坡度在 0.7°～60°,坡度 5°～15°的有 6862.16hm^2,15°～25°的有 12112.67hm^2,25°～35°的有 6220.08hm^2,35°～45°的有 844.43hm^2。这些数字进一步说明了元阳县哈尼梯田壮观与险峻的程度,以一坡而论,少则上百级,最高级数达 3000 级。

坡向对于山地生态有着较大的作用,山地的方位对日照时数和太阳辐射强度有影响。辐射收入南坡最多,其次为东南坡和西南坡,再次为东坡与西坡及东北坡和西北坡,最少为北坡。据对元阳县哈尼梯田坡向的分析结果,梯田斑块数量分布由少到多依次为西南<南<东南<东<西<东北<西北<北,面积分布由少到多依次为西南<南<西<东<东南<西北<东北<北,从结果可以看出,西南坡向和南部坡向的梯田分布相对较少,西北、东北和北向的梯田分布较多,这与哀牢山西南和南向为向光坡,东北、北和西北为背光坡有关,同海拔条件下,南坡、西南坡温度较高,蒸发量较大,种植水稻的水梯田只有在海拔较高的区域局部存在,在海拔稍低的地域种植香蕉、芭蕉等经济作物的旱梯田较为常见,而在同海拔的东北、西北、北向,蒸发量相对较小,加之元江、滕江河谷的大量水蒸气在半山腰形成的雾团,使得在海拔小于 500m 的背光坡还有水梯田的分布。因此,在元阳县哈尼梯田中,北坡、东北坡分布较多,背光坡梯田分布较多。

2.2.2 空间结构

哈尼梯田湿地具有明显的生态系统垂直特征,自山顶到河道,由森林、村庄、梯田和溪流(河流)生态四个生态子系统构成(图 1-1)并各自发挥重要作用。山顶的森林生态子系统作为天然的绿色水库涵养水源、积累养分,形成了"山有多高,水有多高"的自流灌溉水源体系,为其他子系统提供水分和营养元素;区域内的居民居住在气候适宜、地势平缓的山腰地带,对其他子系统进行经营管理活动;村寨下方开垦层层梯田,方便引水灌溉,又便于村寨的人畜粪便运输,梯田生态子系统提供了稳定的农业生产基础,并发挥着梯田人工湿地的生态功能。

1)森林生态子系统

哈尼梯田顺山势而建,主要分布在海拔 144～2000m 的群山中,海拔落差较大,河谷深切,山间河流难以作为梯田湿地的灌溉用水,顶部森林通过对水资源的分配调节作用,对梯田和人类生产生活用水进行补给。森林物种多样性与森林生态服务功能正相关,能增加森林系统的稳定性。丰富的物种多样性通过森林生产力传导机制实现森林水源涵养、保育土壤、固氮释氧、积累营养物质等服务功能的提升。森林生态子系统不仅是自然生物生存繁殖的场所,也是水资源量的保障。哈尼梯田湿地森林水源涵养与梯田需水量具有相关关系,森林储蓄量的不足会导致湿地水资源的短缺。

2)村寨生态子系统

哈尼族是哈尼梯田湿地文化的主要创造者。人类的干扰活动对湿地的生态环境和景观结构变化起着主导作用。湿地农业人口流失造成梯田弃耕,农业文化失去传承。引起农村劳动力转移的原因主要有两个,一是人口密度过大,耕地压力增大,人地矛盾突出。二是外界经济冲击,当地的农耕经济不能满足人们对物质生活质量的需求,农业人口流失。弃耕以及水田变旱地用以种植外来经济作物等人类活动都会导致水田面积缩减,加剧湿地的退化。同时,耕作管理、环保工作的开展、湿地保护意识和人口素质的提升、湿地相关保护政策法规制度的贯彻等积极的人类活动也能促进对湿地保护,保障梯田湿地的基本生态安全。

3)梯田生态子系统

在空间结构上处于村寨下部的梯田生态子系统除了净化水质等生态功能外,还兼具粮食产出等增加直接经济收入的功能。梯田的主要污染来自生活污水及农业面源污染,改变自然条件下水资源的空间分布格局、迁移速率和循环等过程,通过氨化、反硝化作用等活动截留水体中的氮磷物质,净化水质,是湿地系统健康发展的动力。相关研究发现,哈尼梯田湿地从空间结构上对氮磷截留作用表现出"汇"的景观,输出为"亏"状态,表明梯田截留作用明显。流经梯田湿地内部的污水被接纳,维持了山脚河流生态子系统健康,对下游生活区用水安全具有重要的作用。田块间的引水渠为水流、营养元素、沉积物以及污染物质等的空间转移提供了通道,引水渠系的连通性决定田间水分的运移量和均匀度,合理的渠系结构能满足梯田湿地的灌溉需求。作为一种廊道网络,水渠表现出对湿地生态系统的隔离作用。然而,哈尼梯田湿地天然渠系的良好发展在为水资源分配提供了基本保障的同时并未割裂梯田景观,一定程度上减少了梯田湿地的破碎化。梯田连绵成片、自然灾害发生率低是保障景观优美、耕作安全便利的基础。其美学价值以及农业生产创造出来的旅游和物质产出经济价值不可忽视。但是,不科学的旅游发展模式也能导致景观格局改变,破坏湿地自然生态环境,增加人地矛盾。

4)溪流(河流)生态子系统

人工引灌沟渠与自然河流构成了哈尼梯田的水流网络体系,其中河流子系统是流域重要的廊道子系统和物质子系统。哈尼梯田的河流自森林出水延续到红河等主要水系,向沟渠输送水分,并将森林流域的营养物质向下部传输;河流不仅是自然水流的通道,还提供了村内水冲肥的水动力,并承纳经过村庄、梯田后的水流和养分物质。河流以及人工沟渠的分配作用将河流中的水逐级引入梯田区进行灌溉,实现了梯田区水资源的充足补给以及常年淹水的梯田景观,提高了流域内水的通达强度。河流子系统自上而下贯穿于整个系统,在塑造地貌、水汽蒸发以及促进水分内循环等方面也发挥着重要作用。

2.3 哈尼梯田分布区自然地理特征

2.3.1 地理位置

红河哈尼族彝族自治州(简称红河州)坐落在云南省的东南方,北部与昆明市为邻,东部与文山壮族苗族自治州(简称文山州)接壤,西北部与玉溪市相靠,东北部与曲靖市相连,西南部与普洱市相接,南与越南接壤,北回归线横贯东西,地理位置为101°47′~104°16′E,22°26′~24°45′N,南北最大距离约221km,东西最大距离约254km,总面积约为32931km²,国境线全长848km。

2.3.2 地形地貌

红河州地势总体是西北高,东南低。地形以红河河谷为界,大体上分为南部和北部两部分。其中,南部地貌以高中山峡谷为主,北部地貌以中山高原为主。红河河谷以南为哀牢山南段区,山高、坡陡、谷深、山势险峻等是其主要特点,大部分山地坡度在30°以上。红河河谷以北地区属于滇东高原区,山坡面积相对比较狭小而破碎,除南盘江的河谷地带为中山强烈切割区域外,红河州北部大部分以中低山丘为主。山脉、河流、盆地相间排列,地势相对平缓。由于石灰岩地层的广泛分布,北部境内发育着典型的喀斯特地貌。红河州海拔最高处位于金平县的西隆山,海拔为3074.3m;最低点位于红河与南溪河交汇处,海拔为76.4m。由于构造侵蚀、溶蚀作用,红河州北部地区的地形地貌以中深切割的岩溶中山山地与山间盆地为主;由于构造侵蚀、剥蚀作用,红河州南部地区的地形地貌以深切割的高中山与河流峡谷为主。

2.3.3 地质

红河州地处云南省"山"字形构造、哀牢山"帚"状构造、华夏新华夏系构造、川滇经向构造、南岭纬向构造等几大构造体系交汇处。各构造体系的褶皱、断裂发育,新生界—元古界分布较齐全,分布有多期基性-酸性、碱性岩浆侵入岩体,岩体变质-风化作用强烈,构成了较为复杂的地质环境格局。新近纪喜山期地壳强烈运动后,州域主要表现为地块持续性抬升,河流深切,谷坡变陡,水土流失严重,同时伴有地块间的差异性升降活动和部分断裂构造持续的活动与频繁的地震。

元阳县存在大面积条带状华西—印支期酸性岩—花岗岩分布区,同时还有大量的变质岩和三叠纪红层分布,这些岩石底层均较坚硬,可以方便渗入地下的降水形成浅层地下水而出露地面,成为泉眼。

哈尼梯田区内出露地层主要有第四系残坡积层(Q^{el+dl})和元古界哀牢山群阿龙组下段(Pta^a)。第四系残坡积层(Q^{el+dl}):岩性以褐色、灰褐色、棕褐色黏性土、粉土为主,夹少量碎石。大面积分布于梯田区,流域上游地势由陡变缓的地段也有发育,厚度一般为2~5m。阿龙组下段(Pta^a):岩性为黑云斜长片麻岩、石榴(矽线)黑云斜长片麻岩与斜长角闪岩、黑云角闪斜长片麻岩互层夹透辉斜长变粒岩、透辉岩与黄铁、黄铜矿化石墨黑云斜长变粒岩、石墨片岩,最大厚度约 2166m,零星分布在流域上游、冲沟中出露。

2.3.4 水系

红河州境内河流分属于红河、南盘江两大水系。

红河发源于大理白族自治州南部的巍山县境内,自西北向东南流经楚雄市、玉溪市,进入红河州,最终流经河口县进入越南。红河在红河州内的干流总长 240.6km,高差 251.6m,流域面积 11496km^2,最大流量 8050m^3/s,最小流量 20m^3/s,年均流量 292m^3/s,年均径流量 92.69 亿 m^3。红河州内汇入红河的主要支流有李仙江、藤条江、南溪河、小河底河、小黑江、红河、牛孔河、盘龙河、大梁子河等。

南盘江是珠江的上游河段,发源于曲靖市沾益区北部的马雄山东麓,向南流经曲靖市、陆良县,流至开远市以北转向东流,沿弥勒市、泸西县的边缘流经师宗县后流入广西,州内干流总长 282.3km,流域面积 12936km^2,最大流量为 2220m^3/s,最小流量为 5.7m^3/s,年平均流量 130m^3/s,年均径流量达到 40 亿 m^3。曲江、泸江、甸溪河、小江等是南盘江的主要支流。

红河州内湖泊主要有异龙湖、个旧湖、三角海、大屯海和长桥海等,面积分别是 53.1km^2、2km^2、4.9km^2、12.4km^2、20km^2;水库主要有蒙自市五里冲水库、弥勒市太平水库、金平县那兰水库、泸西县云鹏水库、开远市三角海水库等,其中,五里冲水库储水量最大,为 1.27 亿 m^3。

河流水系的长期冲刷,也是造就红河州复杂地貌以及地理位置、海拔和气候差异的原因。

2.3.5 气候

红河州地处滇南低纬高原季风活动区域,受热带西南季风和热带东南季风交替影响,在其错综复杂地形条件下,形成了北热带、南亚热带、中亚热带、北亚热带、南温带、中温带等复杂多样的气候类型,具有"一山分四季,十里不同天"的独特高原立体气候特征。

红河州内四季不甚分明,冬无严寒,夏无酷暑,年平均气温为 15～22℃,其中红河以北海拔 1400m 左右的坝子,气候温和,年平均气温为 18～20℃;红河以南海拔 1400～1700m 的地带,年平均气温在 17℃左右。红河州内降雨比较充沛,年平均降水量 800～1491mm,但降水分布不均。每年 5～10 月为雨季,受来自孟加拉湾的东南季风暖湿气流的影响,水汽来源充足,降雨量占全年降雨量的 80%以上,其中连续降雨强度大的时段主要集中于 6～8 月,且具有时空地域分布极不均匀的特点。

2.3.6 土壤

红河州位于低纬高原区,随着海拔的不同、水热状况变化,以及在不同生物气候带的影响下,土壤类型呈现出一定的垂直分布规律。

砖红壤分布于海拔 900m 以下的河口瑶族自治县、金平苗族瑶族傣族自治县、绿春县、元阳县等地区;燥红土分布在红河蔓耗以上的河谷地带;赤红壤分布于海拔 900～

1400m；红壤分布于海拔 1350～1600m；黄壤分布于海拔 1600～1900m；黄棕壤分布于海拔 1800～2500m；棕壤分布于海拔 2500m 以上地区。

2.3.7　植被

红河州境内植物资源非常丰富，被誉为"滇南生物基因库"。红河州境内有野生种子植物 229 科 1530 属 5667 种，其中裸子植物 8 科 17 属 29 种，被子植物 221 科 1513 属 5638 种。有国家级重点保护野生植物 82 种，其中国家一级重点保护野生植物有苏铁、金花茶等 23 种，国家二级重点保护野生植物 59 种。

受红河州的地理条件、生物气候差异影响，红河州的植被类型在水平空间上的分布，北部以针叶林为主，南部以阔叶林为主。在垂直空间上的分布，海拔小于 500m 的地区，气候湿热，发育有茂密的湿润雨林，植被的代表类型有北越龙脑香林及擎天树林；海拔 500～1000m 的地带范围内多为山地雨林，植被的代表类型有毛坡垒林、阿丁枫林、隐翼、乌楣林，还有竹林混交林等次生林；海拔 1000～1500m 红河州南部的山区植被以湿性季风常绿阔叶林为主，北部的山区植被多以云南松为主；海拔大于 1500m 以上的范围，红河州南部的山区植被以山地苔藓石楠矮林为主，北部地区的植被除云南松林以外，还有华山松林和滇青冈、锥连栎、石栎、高山栲等阔叶林，旱冬瓜林也比较常见。

2.4　哈尼梯田分布区社会经济特征

2.4.1　行政区划

红河州位于云南省南部，总面积 3.29 万 km²。辖个旧市、开远市、蒙自市、弥勒市 4 个市，建水县、石屏县、泸西县、红河县、元阳县、绿春县 6 个县，屏边苗族自治县、金平苗族瑶族傣族自治县、河口瑶族自治县 3 个自治县；下设 130 个乡镇、3 个街道办事处；1177 个村民委员会、135 个居委会。州政府驻地蒙自市。

红河州是以哈尼族、彝族为主的多民族州。州内居住着汉族、哈尼族、彝族、苗族、瑶族、傣族、壮族、回族、布依族、拉祜族、布朗族 11 个世居民族。2019 年末，红河州常住人口 477.5 万人，比上年增长 0.65%，常住人口城镇化率 49.09%。2019 年末全州户籍人口为 467.88 万人，比上年末增加 2.10 万人，其中汉族 180.85 万人，少数民族 287.03 万人，少数民族人口占总人口的 61.3%，户籍人口城镇化率达 34.6%；哈尼族人口为 78.97 万人，占红河州总人口的 16.88%。2019 年红河县有哈尼族 231919 人，占该县总人口的 78.22%，为全国哈尼族人口最多的县；元阳县有哈尼族 206336 人，占该县总人口的 52%，为全国哈尼族人口排名第三的县；绿春县有哈尼族 196040 人，占该县总人口的 87.8%，为全国哈尼族人口比例最高的县，全国哈尼族人口数排名中居于第四；金平苗族瑶族傣族自治县有哈尼族 93330 人，占该县总人口的 26.2%，全国哈尼族人口数排名中位于第五。

2.4.2　工农业状况

2019 年，红河州实现 GDP 2211.99 亿元，按可比价格计算，比上年增长 8.5%。其中，第一产业增加值 284.40 亿元，增长 5.6%；第二产业增加值 875.22 亿元，增长 9.9%；第三产业增加值 1052.37 亿元，增长 7.9%。三次产业的比重为 12.86%：39.57%：47.57%。人均生产总值达 46475 元，比上年增长 7.8%。

农业方面。2019 年全州农林牧渔业总产值 460.57 亿元，比上年增长 5.7%；农林牧渔业增加值 288.38 亿元，比上年增长 5.6%。粮食产量 182.18 万 t，比上年增长 1.4%。蔬菜产量 359.12 万 t，比上年增长 5.3%。园林水果产量 260.18 万 t，比上年增长 1.1%。全年肉类总产量 48.84 万 t，比上年增长 3.0%。牛奶产量 6 万 t，比上年增长 13.1%。禽蛋产量 9.23 万 t，比上年增长 16.7%。出栏肉猪 397.87 万头，比上年下降 1.5%；出栏牛 39.51 万头，比上年增长 4.8%；出栏家禽 5009.01 万只，比上年增长 7.3%。全年全州有效灌溉面积达 $1.856 \times 10^5 hm^2$，水利工程年供水总量为 15.89 亿 m^3，其中农业供水量为 10.7 亿 m^3。

工业方面。2019 年全部工业增加值 557.94 亿元，比上年增长 9.7%。规模以上工业增加值比上年增长 10.8%。全年全社会建筑业增加值 317.95 亿元，比上年增长 9.9%。本地建筑业总产值 419.68 亿元，比上年增长 13.8%。

第 3 章 同位素原理

3.1 引　　言

自从发现了原子核的质子和中子后，人们就开始了稳定同位素的研究工作，特别是 20 世纪 50 年代以后，随着同位素测量精度的提高和成本的降低，作为示踪剂的稳定同位素，在众多研究领域中得到越来越广泛的应用。

在生态水文学中，pH、电导率、各种阴阳离子浓度等指标很早就用于生态水文过程的研究，稳定同位素技术的出现为研究生态水文过程中的物质循环提供了一种天然示踪剂。这种天然存在于物质元素中的"印迹"，只在物质元素混合或发生同位素分馏时产生变化。混合作用使不同来源的"印迹"变成均一的整体，根据同位素的混合特征可示踪物质元素的来源；由物理、化学或生物反应引起的同位素分馏则使"印迹"产生差异性，但这种差异变化存在一定规律，即可以通过理论或实验的方法确定"印迹"的变化特征，反过来示踪物理、化学或生物反应。混合和分馏作用使稳定同位素能够比其他示踪指标更好地研究物质运移和转化过程，在流域水循环、植物水分吸收利用、污染物迁移转化、水生生态系统的物质来源和食物链结构等生态水文研究领域取得了广泛应用。

3.2 稳定同位素技术的有关术语

3.2.1 同位素的定义

原子一般由质子、中子和电子组成。具有相同质子数、不同中子数(或不同质量数)的同一元素的不同核素互为同位素。如后面经常要用到的氢同位素有三种：氕(^{1}H)、氘(^{2}H 或 D)和氚(^{3}H 或 T)，氧的同位素也有三种：^{16}O、^{17}O 和 ^{18}O。同位素按是否具有放射性可分为两大类：放射性同位素(radioactive isotope)和稳定同位素(stable isotope)。稳定同位素是指某元素中不发生或极不易发生放射性衰变的同位素。如前面氢的同位素中，氚具有放射性，是放射性同位素，而氕和氘是稳定同位素。稳定同位素中大部分是天然形成的，如 H 和 D、^{13}C 和 ^{12}C、^{18}O 和 ^{16}O、^{15}N 和 ^{14}N、^{34}S 和 ^{32}S 等；一小部分是放射性同位素衰变的最终稳定产物，如 ^{206}Pb 和 ^{87}Sr 等。稳定同位素之间虽然没有明显的化学性质差别，但其物理性质(如在气相中的传导率、分子键能、生化合成和分解速率等)因质量上的差异而有微小的差异，导致物质在反应前后同位素组成上有一定的差异。正是这种自然物质间同位素组成上的差别，使稳定同位素技术成了一种广泛应用于生态学和地球化学研究的新方法(林光辉，2013)。

3.2.2　同位素比率及表示方法

元素丰度(element abundance)是指地球上各元素存在的数量比。某元素的同位素组成常用同位素丰度(isotopic abundance)表示。同位素丰度[也称同位素绝对丰度(absolute isotopic abundance)]是指一种元素的同位素混合物中，某特定同位素的原子数与该元素的总原子数之比。在天然物质中，甚至像陨石之类的地球外物质中，大多数元素(特别是较重元素)的同位素组成相当恒定。但是，自然条件下的多种物理、化学和生物等作用不断地对同位素(特别是轻元素的同位素)进行分离，放射性衰变或诱发核反应也使某些元素的同位素不断产生或消灭，故随样品来源环境的变迁，元素的同位素组成(丰度)也在某一范围内变化。

由于重同位素的自然丰度很低，故一般不直接测定重、轻同位素各自的绝对丰度，而是测定它们的相对丰度或同位素比率(isotope ratio, R)，R 可用下式表示：

$$R = \frac{重同位素丰度}{轻同位素丰度} \tag{3-1}$$

R 前面可带有一个上标，代表被研究的同位素质量数，例如，

$$^{13}R(CO_2) = \frac{[^{13}CO_2]}{[^{12}CO_2]} \text{ 或 } ^{18}R(CO_2) = \frac{[C^{18}O^{16}O]}{[C^{16}O_2]}$$

$$^{2}R(H_2O) = \frac{[^{2}H^{1}HO]}{[^{1}H_2O]} \text{ 或 } ^{18}R(H_2O) = \frac{[H_2{}^{18}O]}{[H_2{}^{16}O]} \tag{3-2}$$

同位素比率与原子百分比(AT%)有所区别，例如，对于 CO_2 而言，后者定义为

$$AT\% = \frac{[^{13}CO_2]}{[^{13}CO_2]+[^{12}CO_2]} \times 100 = \frac{[^{13}CO_2]}{[CO_2]} \times 100 = \frac{^{13}R}{1+^{13}R} \times 100 \tag{3-3}$$

当稀有同位素浓度很高时，例如在标记混合物中，稀有同位素的浓度经常是以原子百分比表示的，它和同位素比率 R 的关系如下式所示：

$$^{13}R = \frac{[AT\%/100]}{[1-AT\%/100]} \tag{3-4}$$

在稳定同位素地球化学和生态学研究中，人们感兴趣的是物质同位素组成的微小变化，而不是绝对值的大小，同时为了便于比较，物质的同位素组成除了用 R 表示外，更常用同位素比值(δ 值)表示(Mckinney et al.,1950)，其定义为

$$\delta = \left(\frac{[R_{样品}]}{[R_{标准}]} - 1 \right) \times 1000‰ \tag{3-5}$$

它表示了样品中两种同位素比值相对于某一标准对应比值的相对千分差。当 δ 值大于零时，表示样品的重同位素比标准物富集(enrichment)，小于零时则比标准物贫化(depletion)。因此，δ 值能清晰地反映同位素组成的变化。实际应用中，δ 值就是物质同

位素组成的代名词，例如 $\delta^{13}C$、δD、$\delta^{18}O$、$\delta^{15}N$、$\delta^{34}S$ 分别表示碳、氢、氧、氮和硫稳定同位素相对于各自标准物的比值。

3.2.3 稳定同位素测试标准物

由于样品的 δ 值总是相对于某个标准物而言的，因而同一物质比较的标准物不同，得出的 δ 值也各异。因此，对样品间稳定同位素组成进行对比时必须采用同一标准物，或者将各实验室的数据换算成国际公认的统一标准。一个好的标准物应该满足以下要求：①同位素组成均一，大致为天然同位素组成变化范围的中间值；②数量大，以供长期使用；③化学制备和同位素测试操作较容易。目前普遍使用的国际公认标准物包括 SMOW、PDB、CDT 和 N_2-atm 等。

SMOW (standard mean ocean water) 是标准平均海洋水，作为氢、氧同位素标准物。SMOW 的 $D/H=1.5576\times10^{-4}$，$^{18}O/^{16}O=2.0025\times10^{-3}$ (Hayes, 1983)。根据定义，其 $\delta D=0‰$，$\delta^{18}O=0‰$。这是一个假想标准物，它是将美国国家标准局 (National Bureau of Standards, NBS) 的一个标准物 NBS-1 定义为标准物，NBS-1 的 $\delta D=-47.1‰$，$\delta^{18}O=-7.89‰$。实际上使用的 SMOW 标准物是由位于维也纳 (Vienna) 的国际原子能机构 (International Atomic Energy Agency, IAEA) 同位素实验室配制的 V-SMOW，即海洋水经蒸馏后加入其他水配成的水样，其组成与 SMOW 几乎相等。

3.2.4 同位素分馏

同位素之间在物理、化学性质上的差异，导致反应底物和生成产物在同位素组成上出现差异，这些现象称作同位素效应 (isotope effect)。虽然相同元素的同位素在核外电子数及排列上相同，但不同同位素间由于质量上的差异表现出一定的物理和化学行为的差异，而且相对质量差异越大，物理和化学行为的差异也越大。例如，$H_2^{18}O$ 与 $H_2^{16}O$ 之间的理化性质差异就比 $DH^{16}O$ 与 $H_2^{16}O$ 之间的大。

同位素效应的大小通常用分馏系数 (fractionation factor) 或判别值 (discrimination value) 来表示。同位素分馏 (isotopic fractionation) 是指由于同位素质量不同，在物理、化学及生物化学作用过程中一种元素的不同同位素在两种或两种以上物质 (物相) 之间的分配具有不同的同位素比值的现象。同位素分馏系数一般用 α 表示，即

$$\alpha = \frac{R_s}{R_p} \tag{3-6}$$

式中，R_s 和 R_p 分别表示产物和底物的某一元素重、轻同位素之比 (如 $^{13}C/^{12}C$)。在有些研究中，同位素分馏系数 α' 被定义为

$$\alpha' = \frac{R_p}{R_s} \tag{3-7}$$

这两种表示方法所示的同位素分馏系数互为倒数。

3.2.5 同位素混合模型

当一个混合体系派生于两个或两个以上源区混合时，则可以根据这两个或两个以上源区某元素的浓度及其同位素比值描述混合体系。在源同位素比值能够测定情况下，可以利用二源混合模型来区分对每一个源的利用状况。例如，利用一种同位素和一个二源混合模型来表示对两种已知源的利用比率，可以表示如下：

$$\delta_T = f_A \delta_A + (1 - f_A)\delta_B \tag{3-8}$$

式中，δ_T 表示总 δ 值；δ_A 和 δ_B 表示 A 源和 B 源的同位素比值；f_A 表示来自 A 源的比例(%)。f_A 可以由下式计算：

$$f_A = (\delta_T - \delta_B)/(\delta_A - \delta_B) \times 100\% \tag{3-9}$$

这种方法经常被用于确定植物的水分来源(White et al.,1985; Sternberg and Swart, 1987; Ehleringer et al., 1991; Thorburn and Walke, 1994; Thorburn and Walker, 1994; Mensforth and Walker,1996)。举一个简单的例子，测得一种木本植物木质部水的 $\delta^{18}O$ 为 $-10.0‰$(δ_T)，当地的雨水和土壤水 $\delta^{18}O$ 分别为$-8.0‰$(δ_A)、$-15‰$(δ_B)，由式(3-9)就可计算出雨水对该植物水分来源的贡献($f_{雨水}$)为

$$f_{雨水} = (-10‰ + 15‰)/(-8‰ + 15‰) \times 100\% = 71.4\%$$

即雨水贡献为 71.4%，而土壤水贡献为 28.6%。

3.3 氢 同 位 素

H 元素有两种稳定同位素：^1H 和 ^2H(D)，自然丰度分别是 99.985%和 0.015%，所以 D/^1H 的同位素丰度比约为 0.00015(Urey et al.,1932; 林光辉, 2013)。由于氢稳定同位素之间质量差相对最大(Dawson and Siegwolf, 2007)，因此氢在自然界有最大范围的稳定同位素变异，地球上氢稳定同位素比率的自然变异超过 250%，比碳和氧 δ 值的变异幅度都大。

3.3.1 氢稳定同位素的分馏

1. 水向空气扩散过程的氢稳定同位素分馏效应

水分向空气的扩散中，含轻同位素 ^1H 的水比含重同位素 D 的水扩散得快，这种因动力学效应带来的分馏效应的大小可用分馏系数 α_k 表示。对于氢同位素，Merlivat(1978)测得 α_k=1.025。

2. 物态转化过程中氢同位素分馏效应

水在液态和气态之间转换的氢同位素分馏是最重要的氢同位素分馏方式。在平衡状态下，水蒸气在同位素组成上要比液态水轻。根据 Majoube(1971)的研究，在液-气系统中水的氢同位素平衡分馏系数(α')与蒸发点的温度有以下关系：

$$1000 \times \ln\alpha' = \frac{-24.844}{T^2} + \frac{76.248}{T} - 0.052612 \tag{3-10}$$

式 (3-10) 的适用温度范围为 25~100℃。Horita 和 Wesolowski (1994) 对更大温度范围 (0~374.1℃) 的液-气氢同位素平衡分馏系数做了修改,提出了以下新的公式:

$$1000 \times \ln\alpha' = \frac{1158.8 \times T^3}{10^9} - \frac{1620.1 \times T^2}{10^6} + \frac{794.84 \times T}{10^3} - 161.04 + \frac{2.9992 \times 10^9}{T^3} \tag{3-11}$$

3.3.2 氢稳定同位素丰度的自然变异

1. 大气降水

大气降水包括雨、雪等各种形式的降落在地面上的水分,其 δD 变化幅度为 -300‰~ 31‰,平均值为 -22‰。由于水分蒸发和冷凝过程中均有显著的氢同位素分馏,随着海洋向内陆延伸或海拔的升高,大气中的重同位素不断贫化,大气降水的 δ 值越来越低。

2. 海洋水

根据氢、氧稳定同位素测试标准的定义,海水的理论 δ 值应为 0,实际测定值为 0~ 10‰。因此,海水的 δ 值仍有局部变化,且和 $\delta^{18}O$ 是同步变化的,可用以下经验公式 (Craig, 1961):

$$\delta D = M\delta^{18}O \tag{3-12}$$

式中,M 为常数,但会随蒸发量/降雨量比率的升高而降低。另外,海水的 δD 值还与海水的盐度有关。

3.4 氧 同 位 素

氧元素有三种稳定同位素:^{16}O、^{17}O 和 ^{18}O,丰度分别是 99.759%、0.037% 和 0.204%。由于目前 ^{17}O 的测定还不够完善和普及,因此一般主要测定 $^{18}O/^{16}O$ (比值) (约为 0.0020)。$\delta^{18}O$ 值的自然变异幅度接近 100‰。^{18}O 常常在蒸发量大的水体 (如咸水湖泊) 中富集,而在纬度高、寒冷气候条件下,特别是在南极地区的降水中含量相对较低。在温带地区,水 $\delta^{18}O$ 的值一般不超过 30‰。

3.4.1 氧稳定同位素的分馏

由于氧和氢均是水的组成元素,在水循环过程中两者具有相似的同位素分馏作用,只是 ^{18}O 和 ^{16}O 之间的相对质量差远比 D 和 H 之间的相对质量差小,所以表现出的同位素分馏作用比氢同位素的小。另外,O 又是组成 CO_2 的元素,在植物光合作用中也表现出较明显的同位素分馏现象。

1. 水向空气扩散过程的氧同位素分馏效应

与 H 一样,含有 ^{18}O 的水向空气扩散的速率比含 ^{16}O 的水慢一些,这种动力学氧同位素分馏系数被测定为 1.0285（Merlivat, 1978）。

2. 液–气物态转化过程的氧同位素效应

根据 Majoube（1971）的研究，液–气物态转化过程的氧同位素分馏系数（在 25～100℃）为

$$1000 \times \ln\alpha' = \frac{-1137}{T^2} + \frac{0.4156}{T} + 0.0020667 \tag{3-13}$$

Horita 和 Wesolowski（1994）研究了更大温度范围（0～374.1℃）下的液–气平衡系统中水的氧同位素分馏系数：

$$1000 \times \ln\alpha' = -7.685 + \frac{6.7123 \times 10^3}{T} - \frac{1.6664 \times 10^6}{T^2} + \frac{0.35041 \times 10^9}{T^3} \tag{3-14}$$

3.4.2 氧稳定同位素丰度的自然变异

1. 海水

海洋构成了全球最大的水库，其表层水的 ^{18}O 含量相当均一，在–0.5‰～0.5‰变化（Epstein and Mayeda,1953），仅在热带和极地海区存在较大的偏差。在热带海区，强烈的蒸发作用导致 $\delta^{18}O$ 值偏正一些，如在地中海，海水的 $\delta^{18}O$ 值可达到 2‰。在两极海区，由于同位素轻的冰、雪融化注入海水，海水的 $\delta^{18}O$ 值更负一些。如果海水在平衡状态下蒸发，产生的水蒸气中 ^{18}O 的贫化将达到 8‰～10‰，其大小取决于温度。

2. 降水

大气中的水蒸气转变为降水时受到许多气候因子的影响，因此，全球降水 $\delta^{18}O$ 值的变化非常大。一般来说，降水越远离作为水蒸气主要来源的赤道地区，其 $\delta^{18}O$ 值就越小。在北极和南极地区，降雪中的 $\delta^{18}O$ 值可低至–50‰。

3. 地表水

蒸发可导致地表水 ^{18}O 富集，特别是在热带和干旱半干旱地区。

4. 植物叶片水和有机物

叶片是植物通过蒸腾和蒸发失去水分的主要场所，因而植物叶片中水的氧同位素除了受环境水源的同位素组成影响外，还受叶片的蒸腾和蒸发过程的同位素分馏作用所控制，一般比环境水更富集 ^{18}O。陆地植物中水的 $\delta^{18}O$ 值波动于–45‰～5‰，变化幅度低于降水，但远远高于水生植物。

3.5　蒸发–降水过程的同位素分馏

在水的相态发生改变时，轻、重同位素结合键强弱的不同引起了水分子扩散速率的

差异。轻同位素组成的水分子($H_2^{16}O$)结合键比重同位素组成的水分子($HD^{16}O$、$H_2^{18}O$)更容易断裂，含重同位素(^{18}O、D)的水分子则需要更多的能量打破结合键。

蒸发过程中，较强的结合键意味着较低的蒸发压，即较慢的蒸发速率。水分子从外部获得能量后，更易于破坏相对轻的同位素水分子间的结合键，使部分含轻同位素的水分子优先脱离液相而形成水汽进入大气中，即残留水中富集重同位素，新生成的水汽富集轻同位素。在水汽凝结过程中，重同位素优先进入液相中，剩余的气相中重同位素贫化，这一变化过程与蒸发过程相反。

如果蒸发在封闭容器内进行，即形成平衡分馏条件，此时的分馏系数 α 取决于环境温度，并随着温度的升高而降低。如在 0℃时 $\alpha D = 1.1060$，$\alpha^{18}O = 1.01119$；20℃时 $\alpha D = 1.0791$，$\alpha^{18}O = 1.00915$。天然条件下如果空气相对湿度达到100%，可近似为平衡条件下的蒸发分馏。当空气相对湿度小于 100%时，除平衡分馏外，蒸发过程还受到动力学分馏的影响，此时分馏系数可视为由平衡分馏系数和动力学分馏系数两部分组成，数值大于平衡条件下的分馏系数。降水过程一般视为平衡分馏过程(余新晓，2015)。

3.6　大气降水线

大气降水的同位素组成变化很大，同一地区不同时间的降水，同位素组成会有很大差异，但 $\delta^{18}O$ 和 δD 之间的关系存在规律性。Craig(1961)在研究北美大气降水时发现大气降水的氢氧同位素组成呈线性变化，$\delta^{18}O$ 和 δD 值的数据点大致落在一条直线上(图3-1)。根据这些数据拟合出的大气降水线方程见式(3-15)(余新晓，2015)。

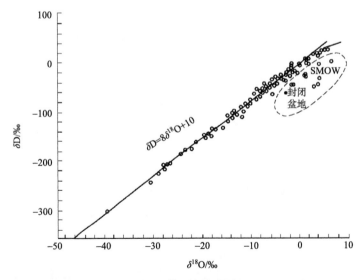

图 3-1　大气水中 D–^{18}O 的关系图(Craig，1961)

$$\delta D = 8\delta^{18}O + 10 \tag{3-15}$$

上述关系线即为 Craig 全球大气降水线(global meteroric water line, GMWL)。把全球

岛屿、滨海和内陆观测站的资料进行数学平均处理，其结果接近于 GMWL。

　　Craig 全球大气降水线反映的是全球许多地区大气降水 δD、$\delta^{18}O$ 的总体状况(全球平均条件下大气湿度约为 85%)。内陆的大气平均湿度一般更小，动力学分馏系数要大于全球大气降水线所反映的分馏系数。陆地上的不同地区大气降水线受当地气候因素控制，包括水汽团来源、降雨中的二次蒸发和降水季节性变化等，不同地区的降水线方程往往偏离全球性方程，称为区域大气降水线(local meteroric water line, LMWL)。通过实验监测获取当地的 LMWL，对区域同位素水文学的研究具有重要意义。在没有实测 LMWL 时，如果当地的气候条件与全球平均条件接近，也可直接采用 GMWL。

　　不同地区大气降水线的斜率(s)和截距不同。s 主要受二次蒸发的影响，在干旱半干旱地区，大气降水线的斜率小于全球降水线，常称为蒸发线。定义氘过量参数(氘盈余参数)为 $d=\delta D–8\delta^{18}O$，d 值的大小相当于该地区的降水线斜率 $\delta D/\delta^{18}O$ 为 8 时的截距，用以表示蒸发过程的不平衡程度。影响 d 的因素非常复杂，与蒸发凝结过程中的同位素分馏的实际条件有关。如果水是在平衡条件下缓慢蒸发的，则 d 值接近于零。但是，水的蒸发往往是在不平衡条件下进行的，故存在动力同位素分馏效应。GMWL 中的 d 为 10，对应全球平均条件下的大气湿度(约为 85%)。一般而言，d 值小，说明降水水汽来源地的空气湿度大，蒸发速率慢；反之，d 值大，反映水汽来源地的空气湿度小，蒸发速率快，不平衡蒸发强烈；另外，降水过程中二次蒸发越强，降水线 s 越小，d 越大。

3.7　大气降水的同位素分馏效应

　　由于大气降水是区域水资源的最终补给来源，了解大气降水同位素的时空分布特征对同位素水文应用具有重要意义。全球大气降水同位素监测网在全球设立了大量降水同位素监测站点，中国也以中国生态系统研究网络为基础建立了中国大气降水同位素观测网络(宋献方等，2007b)，为同位素水文学的研究提供基础数据(余新晓，2015)。

　　大气降水的同位素组成主要受到温度和原始水汽剩余含量的影响。空中水蒸气凝聚成雨滴的过程是同位素平衡分馏过程，生成的雨水相对于水蒸气富集重同位素。温度越低，凝结水汽越多，生成雨滴同位素 δ 值越接近水汽，即 δ 值越小；原始水汽剩余含量越少，水汽 δ 值越小，生成雨滴 δ 值也越小。常见的同位素分馏效应有大陆效应、纬度效应、季节效应、高度效应和降水量效应等。

　　大陆效应：也称离岸效应，即大气降水的同位素组成随着远离海岸线逐步降低(图3-2)。在潮湿气团向大陆迁移过程中，重同位素倾向于富集在不断形成的降水中，剩余水汽则富集轻同位素，随着降水的不断进行，后续降水同位素 δ 值相对贫化。

　　纬度效应：大气降水的稳定同位素组成与纬度变化存在明显的负相关关系。海面蒸发的水汽随着纬度增加，不断降雨的过程中，剩余的水汽中越来越亏损 D 和 ^{18}O，其形成雨水和雪水中的 δD 和 $\delta^{18}O$ 值也越低。

　　季节效应：不同地区由于温度、湿度和气团运移等因素存在季节性变化，降水的同位素组成也会有季节性的变化。但不同地区季节性差异规律不尽相同，内陆地区降水的同位素组成季节性变化较大。在大多数情况下，这种变化与温度有关，夏季气温高，同

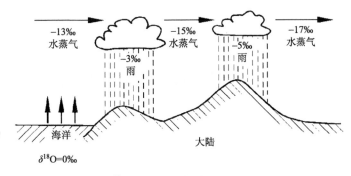

图 3-2　降水 ^{18}O 的大陆效应（据 Siegenthaler，1979）

位素 δ 值也高；冬季气温低，同位素 δ 值也低。但在我国的东部地区，由于受季风控制，降水量同位素季节效应呈现与温度效应相反的结果；夏季雨水的同位素组成偏负，而春季偏正，这与水汽来源、降水量效应等因素有关。

高度效应：随海拔升高，降水 δD 和 $\delta^{18}O$ 值逐渐降低。高度效应和温度有关系，海拔升高，温度下降，同位素分馏效应增强。根据降水同位素的高度效应，可用来确定地下水补给区的位置和高度。

降水量效应：雨量小的降水一般比雨量大的降水富集 δD 和 $\delta^{18}O$。这一方面是由于雨量小的降水会经历较强的二次蒸发，另一方面较大雨量的降水会使空气中水汽的同位素逐渐贫化，使后续降水 δ 值更低。

大气降水的各种分馏效应是互相影响、互相制约的，在实际应用中要具体分析，不能以偏概全。例如，青藏高原南部降水由西南季风控制，降水中 $\delta^{18}O$ 具有季风区降水的特征，"降水量效应"明显，降水量对 $\delta^{18}O$ 的影响大大掩盖了气温的影响。而在青藏高原北部，季风很难到达这一地区，季风水汽中 $\delta^{18}O$ 的季节变化对该地区影响很弱，该地区大气水汽中 $\delta^{18}O$ 没有表现出明显的"雨量效应"，而是主要受气温变化的影响（田立德等，1997）。

第4章 稳定同位素取样与分析

4.1 实验样地概况及实验布设

研究区位于元阳县麻栗寨河流域上游的全福庄小流域，全福庄小流域隶属于元阳县新街镇全福庄小寨村，是红河一级支流麻栗寨河的上游水源区，为元阳梯田"四素同构"复合生态系统的典型代表，位于县境中部，距离元阳县城 41km。流域面积约 13.92km²，地理位置为东经 102°45'～102°53'，北纬 23°03'～23°10'，海拔范围在 1500～2000m。流域内主要的土地利用方式有森林和稻田(梯田)，其中森林占整个小流域总面积的 66.6%，水田则占 22.1%。本节所选取的水源林位于全福庄小流域梯田核心区的上方，面积 77hm²，海拔在 1720～2073m(刘宗滨等，2016；段兴凤等，2011a)。研究区的平面布局如图 4-1 所示。

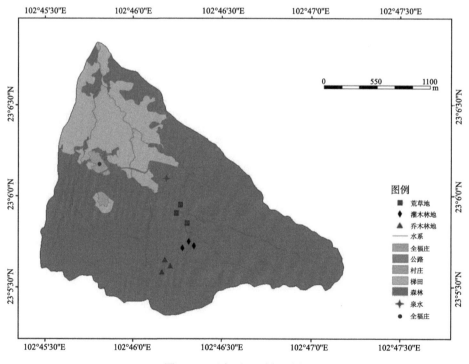

图 4-1　研究区平面布局图

研究区地处哀牢山山脉南段，地形总趋势为南高北低，地貌以侵蚀中山地貌和河谷地貌为主，海拔为 1880～2130m；具有亚热带山地季风气候的特点，冬暖夏热，多雾多雨，干湿季分明，年平均气温 16.6℃，多年平均降雨量 1500～2000mm，暴雨居多，年平均日照时数 1820.8h，年平均雾日高达 181d。流域内土壤主要是黄棕壤和黄壤，土层较厚，约 100cm，土壤剖面完整。小流域内土地利用类型以林地、水田为主，森林覆盖率达 80%以上，植被类型为中亚热带常绿阔叶林，主要乔木树种有大叶柯（*Lithocarpus megalophyllus* Rehder et E. H. Wilson）、元江栲（*Castanopsis orthacantha* Franch）、旱冬瓜（*Alnus nepalensis* D.Don）、云南臀果木（*pygeum henryi* Dunn）等。主要灌木树种有臭牡丹（*Clerodendrum bungei* steud）、野牡丹（*Melastoma malabathricum* Linnaeus）、广西香花藤（*Aganosma siamensis* Craib）、茶（*Camellia sinensis*）。主要草本种有蕨菜［*Pteridium aquilinum* var. *Catiusculus*（Desv.）Underw］、芨芨草［*Achnatherum splendens*（Trin.）Nevski］、喜花草（*Eranthemum pulchellum* Andrews）、莎草蕨（*Schizaea digitata*）等。

根据元阳全福庄小流域的代表性植被类型和地形情况，采用"水土保持标准径流小区监测法"，在全福庄小流域上部水源林出口处布设 1 个控制断面，建设一个卡口站，并在卡口站内安装自记雨量计观测降雨量，利用自记水位计结合三角形量水堰对小流域内的产流进行观测。选取乔木林地、灌木林地、荒草地 3 种典型森林植被类型，分别布设 1 个 5m×20m 的标准径流小区，并在 3 个标准径流小区内选取上、中、下（同一直线上）三个部位埋设长度为 1m 的高精度土壤水分测量仪 ML2x 延长套管，用以观测各部位不同深度（10cm、20cm、30cm、40cm、60cm、100cm）的土壤容积含水率。在山腰梯田区四个海拔梯度内分别选取 3 块梯田进行梯田水监测，对沿线溪水、梯田边渠水进行布点取样监测，具体样点详见表 4-1 和表 4-2。

表 4-1　径流小区和卡口站基本情况

监测措施	海拔/m	主要植被类型	地理坐标 东经(E)	地理坐标 北纬(N)	坡度/(°)	坡向
乔木林径流小区	2071.2	旱冬瓜、印度木荷、西南山茶、元江栲等	102°46'11″	23°05'37″	21	E
灌木林径流小区	1953.1	野牡丹、茶、毛刺花椒、山橙等	102°46'16″	23°05'51″	21	E
荒草地径流小区	1902.0	蕨菜、芨芨草、喜花草等	102°46'17″	23°05'52″	23	E
卡口站	1886.0	—	102°46'05″	23°06'02″	20	NE

表 4-2　地表水采样点情况

森林地表水 海拔/m	森林地表水 经纬度/(°)	溪水 海拔/m	溪水 经纬度/(°)	梯田渠水 海拔/m	梯田渠水 经纬度/(°)	梯田水 海拔/m	梯田水 经纬度/(°)
2071.2	102.770125 23.094547	1942.5	102.771628 23.097703	1864.6	102.766717 23.102544	1855.9	102.766428 23.103018
2022.8	102.770278 23.094722	1938.2	102.770811 23.100278	1855.9	102.766426 23.103015	1852.7	102.766488 23.103114
2020.9	102.770000 23.094758	1933.6	102.769444 23.100403	1852.7	102.766478 23.103113	1852.5	102.766408 23.103095
1997.3	102.771158 23.097397	1913.1	102.768803 23.100453	1852.5	102.766406 23.103090	1806.9	102.764398 23.104743
1986.5	102.771111 23.096111	1897.4	102.768192 23.100650	1806.9	102.764396 23.104748	1803.3	102.764348 23.104538
1976.5	102.771389 23.096111	1886.5	102.767881 23.100714	1803.3	102.764350 23.104542	1798.4	102.764303 23.104929

森林地表水		溪水		梯田渠水		梯田水	
海拔/m	经纬度/(°)	海拔/m	经纬度/(°)	海拔/m	经纬度/(°)	海拔/m	经纬度/(°)
1968.1	102.771247 23.097778	1715.1	102.764572 23.109006	1798.4	102.764308 23.104927	1783.4	102.764598 23.106068
1966.8	102.771389 23.097500			1783.4	102.764595 23.106072	1781.9	102.764427 23.10599
1952.9	102.771222 23.097700			1770.5	102.764739 23.106463	1770.5	102.764735 23.106467
				1751.9	102.764036 23.108434	1751.9	102.764030 23.108432
				1748.3	102.764365 23.108614	1750.7	102.764102 23.108626
						1748.3	102.764361 23.108615

注：经纬度中的两个数据，第一个为东经，第二个为北纬。

在径流小区附近的林草地选择 3 个固定样方，随机挖掘一个 1m 深的土壤剖面，在挖掘好的土壤剖面内按 0～10cm、10～20cm、20～40cm、40～60cm、60～80cm、80～100cm 这 6 个层次，调查测定土壤的物理性质，结果见表 4-3。

表 4-3　样地土壤剖面物理性质

植被类型	土层深度/cm	容重/(g/cm³)	有机质含量/%	颗粒组成/%			非毛管孔隙度/%	毛管孔隙度/%	总孔隙度/%
				砂砾(>0.05mm)	粉粒(0.05～0.002mm)	黏粒(<0.002mm)			
乔木林地	0～10	0.65	9.65	39.99	58.98	1.03	20.62	41.43	62.05
	10～20	0.71	8.67	35.77	63.01	1.22	13.23	44.91	58.14
	20～40	0.77	7.99	32.64	65.67	1.69	11.30	43.74	55.04
	40～60	0.93	7.15	22.86	75.30	1.84	6.49	45.94	54.43
	60～80	1.01	4.87	18.33	79.26	2.41	4.08	48.11	53.18
	80～100	1.09	4.65	14.53	82.14	3.33	4.96	49.24	53.20
灌木林地	0～10	0.73	10.12	37.68	61.21	1.11	18.29	38.96	57.25
	10～20	0.78	9.32	35.65	63.04	1.31	12.15	44.46	56.61
	20～40	0.82	7.69	29.87	68.32	1.81	9.95	41.91	51.86
	40～60	0.97	5.42	20.30	78.29	1.42	7.53	42.85	50.38
	60～80	1.02	4.46	27.44	70.55	2.01	6.32	41.90	48.22
	80～100	1.11	4.44	29.68	69.33	1.99	5.11	42.32	47.43
荒草地	0～10	1.41	4.11	33.35	64.42	2.23	5.84	34.75	44.59
	10～20	1.36	4.04	33.41	65.45	1.14	8.69	23.85	32.54
	20～40	1.08	3.89	38.25	60.94	0.81	7.26	40.30	47.56
	40～60	1.19	4.00	40.13	59.14	0.73	6.32	39.35	45.67
	60～80	1.21	2.80	44.44	55.24	0.32	5.67	33.82	39.49
	80～100	1.25	2.26	44.86	54.55	0.59	4.92	34.78	39.70

在水源林中的乔木林、灌木林和荒草地 3 种植被类型上进行植物调查,结果见表 4-4。采用拉样方法调查各样地的植物群落结构特征,主要调查方法如下。

(1)乔木:对要进行土壤采集的地区用测绳拉出 3 个 30m×30m 的样方,对样方内的乔木进行调查,调查项目包括每棵乔木的种名、胸径、树高、冠幅。

(2)灌木(含攀缘植物):根据均匀性原则,在每个乔木调查的 5 个大样方的四角及中心位置取 5 个 10m×10m 的小样方(总计 25 个,使用每米标记的线绳圈定)进行灌木植物(含胸径<1cm 的乔木幼树、幼苗)调查,记录灌木的种名、盖度、多度、高度。

(3)草本:在每个乔木调查的 5 个大样方的四角及中心位置取 5 个 1m×1m 的小样方(总计 25 个,使用每米标记的线绳圈定)进行草本植物调查,记录草本物种的种名、盖度、多度、高度。

(4)在无乔木或无乔木和灌木的地区直接拉灌木样方和草本样方进行调查。

表 4-4　样地植物统计

植被类型	样地	辛普森多样性指数	盖度/%	优势种高度/m	枯落物层厚度/cm
乔木林地	A1	0.98	80	15	6
	A2	0.87	90	15	7.5
	A3	0.82	85	10	6.5
灌木林地	B1	0.6	98	1.6	3
	B2	0.65	98	1.9	3.5
	B3	0.67	96	2.3	5
荒草地	C1	0.69	90	0.08	1.1
	C2	0.65	85	0.05	0.9
	C3	0.68	90	0.07	0.8

植物根系分布调查,在乔木林和灌木林样地中选择生长良好的优势树种各三棵,并按照土壤分层在距离植株主干 0.5~1m 处的南北两侧挖取植物根系。植物根系在土壤剖面上分为 0~10cm、10~20cm、20~40cm、40~60cm、60~80cm、80~100cm 共六层,每层取相同位置内 30cm×30cm×20cm 的土体,取出其中的植物根系,用游标卡尺测量根系的直径,并按>5mm、2~5mm 和<2mm 对植物根系进行分类,然后用电子天平称量每个土层中各级根系的鲜重,再带回实验室烘干后称重,使用的电子天平精度为 1% 和 1‰。

4.2　样品的采集

4.2.1　氢氧稳定同位素样品采集

1. 水样采集

大气降水:在采样点选取露天空旷位置,放置 3 个聚乙烯瓶,在瓶口处加装一只漏斗,漏斗口放置一乒乓球防止水分蒸发,每次降水完毕立即采集。

穿透雨和树干茎流:①在林下随机布设 3 个聚乙烯瓶用于林内穿透雨的收集,装置的具体操作方法同大气降水一致；②在选定的典型树种的标准木树干上采用剖开的塑料管以"S"形缠绕方式来收集树干茎流。

采集的水样由塑料瓶转入离心管中，并立即用 Parafilm 膜封口，于塑料瓶身标注采样地点、时间，保存在低温保温箱中带回实验室，放置于冰箱冷藏保存以待同位素测定。

土壤水：采用土钻法在样地内采集垂直土壤剖面不同深度的土壤样品。在林草地内不同坡位(坡上、坡中、坡下)处的梯田内，利用土钻按 0~10cm、10~20cm、20~40cm、40~60cm、60~80cm、80~100cm 的层次取样，取样时将枯枝落叶层与土壤腐殖质层下界定为 0cm。将样品放入 50mL 的塑料离心管中，立即用 Parafilm 膜封口，保存在低温保温箱中带回实验室，采用真空蒸馏法来提取土壤水。将提取出的土壤水装入 5mL 的冷冻管中，并立即用 Parafilm 膜封口放入冰箱冷藏，待同位素测定时将冷冻管中的土壤水样品移入 2mL 的棕色同位素样瓶中，进行上机测定。

地表水：在径流小区及卡口站收集径流样品，在河流出口处收集河水样品。将样品装入离心管后立即用 Parafilm 膜封口，保存在低温保温箱中并带回实验室测定。

地下水：在研究区域内泉水出露点收集样品。将样品装入离心管后立即用 Parafilm 膜封口，保存在低温保温箱中带回实验室测定。

2. 植物样品采集

根据调查选择优势乔灌木，乔木包括元江栲、云南樟、印度木荷，灌木包括西南山茶、山橙、野牡丹，每种植物选 3 棵冠幅相似且健康的植株，采集阳面一段已栓化且长 3~4cm 的植物枝条(木质部：去除枝条外皮)，然后迅速将样品放入 50mL 的塑料离心管中，用 Parafilm 膜密封。

4.2.2　采样频率

根据实验目的不同，降水、地下水和土壤水样品的采集时间均为两个阶段，第一阶段为 2015 年 4~12 月，用于研究不同森林植被类型的土壤水分的平均滞留时间，第二阶段为 2019 年 3 月~2020 年 2 月，用于分析蒸发、入渗等过程对土壤水氢氧同位素的影响。降水为每次降雨采集，地下水、地表水、土壤水每月采集一次，土壤含水率观测频率为每隔一天观测，一天内观测两次(上午 8 时和下午 5 时)。

4.3　样品的处理

本节采用真空抽提装置来抽取植物和土壤中的水分(图 4-2)。

从实验室的冰箱内取出在实验样地采集到的装有土壤样本的离心管，撕掉缠绕在瓶盖与管口之间起密封作用的 Parafilm 膜，将离心管中的土壤样本取出，转装至比色皿管内，并标注好采样日期、样地、土层等相关信息，在此期间要将土壤中的石块等进行筛除，以免在将土样放置于比色管的过程中对比色管造成损坏，保障实验顺利进行。然后把装有土样的比色管安装于真空抽取装置的抽提位置，并将冷凝管放置于收取位置，比色管和冷凝管与真空抽提装置的连接管口处都需要涂抹密封脂以保障实验需要的真空条

图 4-2　土壤水和植物茎干水抽提装置

件。开启真空抽提装置后，静待 1～2h，此期间要随时检视是否出现比色管破裂或者漏气等异常状况，及时解决实验过程中出现的异常。直至样品中水分完全抽提出来后，将冷凝管中的水样转置于实验室的试剂分装瓶内，标注日期、样地、土层等相关信息，采用 Parafilm 膜密封、冷藏，待进行下一步实验。具体操作如下。

测定植物或土壤中的水分同位素，需要预先用水分真空抽提系统抽提出植物或土壤中的水分。为避免大气中水汽对测定样品的影响，需在真空的环境下通过加热、冷凝的方法提取样品中的水分。水分真空抽提系统主要包括三部分：泵，将系统抽成真空；真空表，测定系统的真空度；抽提管路，抽提水分。具体步骤如下。

(1)提取水分之前，先检漏，检查系统是否密闭。具体方法是：将样品管和收集管全部装上，打开泵的电源，待泵的噪声消失后，依次打开 A 级、B 级阀门和真空表的电源。当真空度低于 50mTorr[①]时，打开 C 级阀门，等到真空度再低于 50mTorr 时，关闭 B 级阀门，等待 1min，如果真空度不超过 100mTorr，则说明 C 级阀门回路不漏气，如果真空表读数迅速上升，说明系统漏气。一般漏气的原因主要是样品管和收集管接口处没有拧紧、橡胶圈老化或者橡胶圈上有沙子灰尘等影响密闭性、C 级阀门拧开得过大。达到真空后，依次关掉 C 级、B 级、A 级阀门和真空泵。观察气压表的变化，如果气压表快速升高，说明系统漏气；如果不升高或升高得很缓慢(<100mTorr/min)，则说明系统不漏气。如果系统漏气，需要逐个检查，查出漏气的地方并修理。

(2)检查完系统后，拧松水样收集管，将样品管取下，将样品放入样品管内。将样品从冰柜中取出后，需在室温下放置几分钟。在放入样品管前需去掉封膜并擦干外壁的水分。如果是土壤样品，要在样品上放入玻璃棉以避免将土壤颗粒抽到系统中，再将装有样品的样品管装上。将样品管浸没到液氮中冷冻 10～15min(注意样品冷冻过程中，样品管中的样品要全部浸没到液氮中)。

(3)样品继续冷冻，打开真空泵，然后依次打开 A 级主阀门、B 级阀门和 C 级阀门，直到抽出气压表的读数不再减小为止(一般要小于 50mTorr)。如果抽真空的速度缓慢，说明样品管接口漏气，需要检查样品管和水样收集管口是否拧紧。在加热之前，必须先

---

① 1 Torr=1 mm Hg=1.33322×10²Pa。

关掉 C 级阀门。然后将加热套套在样品管上，打开加热套和加热带的电源。将装有液氮的瓶子移至水分收集管下，并根据水分收集情况调整液氮瓶的高度。植物样品中的水分收集时间一般为 1.5h，土壤样品中的水分收集时间一般为 1h。必须充分抽提出样品中的水分，以样品不再产生水汽为准。

(4)加热抽提完后，将收集管取下，用不透水薄膜封口，待收集的水分全部融化为液态水时，迅速将水分转移到样品小瓶中，并用封膜封口，避免水分泄漏和蒸发。样品置于 4℃冰箱中保存、待测。

4.4　同位素样品的测定

在检测分析过程中要去除土壤水样品中大部分有机物，从而排除有机物对同位素测定的影响，需要先使用 MILLIPAK0.22μm 对抽提出的水样进行过滤。

对所有样品在中国科学院西北生态环境资源研究院冰冻圈科学国家重点实验室进行氢氧稳定同位素测定分析。使用美国 Los Gatos Research (LGR) 公司生产的液态水稳定同位素分析仪 (型号 DLT-100, Los Gatos Research, Mountain View, CA, USA)，该分析仪采用离轴积分腔输出光谱技术 (off-axis integrated cavity output spectroscopy, OA-ICOS)。分析结果用分析水样与 V-SMOW 的千分差 δ (林光辉，2013) 表示：

$$\delta = \left(\frac{R_{\text{sample}}}{R_{\text{V-SMOW}}} - 1 \right) \times 1000‰ \tag{4-1}$$

式中，R_{sample} 为大气降水样品中的稳定氢或氧同位素的比率；$R_{\text{V-SMOW}}$ 表示维也纳标准平均海洋水中的稳定氧或氢同位素比率。δD 和 $\delta^{18}O$ 的分析精度分别为 ±1‰ 和 ±0.2‰。

4.5　同位素数据的处理

降水同位素的平均值为降水量的加权平均值 (δ_w)，其计算方法如下：

$$\delta_w = \frac{\sum_{i=1}^{n} \delta_i p_i}{\sum_{i=1}^{n} p_i} \tag{4-2}$$

式中，p_i 和 δ_i 分别为第 i 次降水事件的降水量和降水同位素值；n 为降水总次数。

降水中 δD 与 $\delta^{18}O$ 之间的线性关系称为 LMWL，其对研究水循环过程中稳定同位素的变化具有重要意义。而不同水体中的 lc-excess [δD 与 LMWL 的差值] 可表征不同水体相对于当地降水的蒸发程度 (Hasselquist et al., 2018；Hervé-Fernández et al., 2016；Nie et al., 2018)

$$\text{lc-excess} = \delta D - a\delta^{18}O - b \tag{4-3}$$

式中，a 和 b 分别为 LMWL 的斜率和截距；δD 和 $\delta^{18}O$ 为水样中稳定同位素值，单位均为‰。通常，当地降水中 lc-excess 的变化主要受不同水汽来源的影响，全年平均值为 0。

由于其他水体中稳定同位素因蒸发富集，其平均 lc-excess 通常低于 0，而当水样中的 lc-excess 为正值时，则表明该水样可能受到除降水以外其他水源的影响（Matthias et al.，2017）。

本节河流径流或植物水分来源一般都是大气降水和地下水，因此，可利用二元线性模型得出不同水分来源对混合水体的相对贡献量：

$$f_p + f_g = 1 \tag{4-4}$$

$$\delta D = f_p \delta D_p + f_g \delta D_g \tag{4-5}$$

$$\delta^{18}O = f_p \delta^{18}O_p + f_g \delta^{18}O_g \tag{4-6}$$

式中，f_p 和 f_g 为降水和地下水对混合水体的相对贡献量；δD 和 $\delta^{18}O$ 为不同来源水分中相应的氢和氧稳定同位素值。需要说明的是，由于同一来源水体中氢和氧的稳定同位素值一般存在线性关系，因此在两水源模型中，式(4-5)和式(4-6)可选择使用，与式(4-4)联立方程组进行求解，可得到两种水源的不同贡献量。

土壤水和大气降水中氢氧稳定同位素值的变化具有季节性，其变化规律与正弦函数的变化趋势相近（DeWalle et al.，1997；Kabeya et al.，2007；刘君等，2012），因此，利用波函数预测输入(降雨)和输出(土壤水)信号，通过对比降雨和土壤水拟合曲线的振幅和相(时间)的位移，可定量计算从地表到达土壤某一特定深度之间的土壤水的滞留时间（刘君等，2012）。

氢氧稳定同位素值的变化遵循正弦函数的表达式（Maloszewski et al.，1983；Reddy et al.，2006）：

$$\delta = \beta_0 + A\left[\sin(ct) + \varphi\right] \tag{4-7}$$

式中，δ 为同位素输出值(‰)；β_0 为同位素的平均(‰)；A 为同位素变化的振幅；φ 为滞后相位；c 为角频率($2\pi/365$)，无量纲；t 为时间(d)，即任意时期之后的天数(本书以 2015 年 4 月 1 日为第一天)。式中所有参数(β_0、A 和 c)均由 SigmaPlot 10.0 拟合得到。

假设水文系统处于稳定状态，渗透水立即与土壤水混合（Stewart and McDonnell，1991）；同时定义降水为水文系统的输入因子，土壤水分为水文系统的输出因子。基于这些假设，土壤水分滞留时间 MRT_{sw} 由下式确定：

$$\tau = c^{-1}\sqrt{f^{-2} - 1} \tag{4-8}$$

式中，τ 为滞留时间(d)；f 为阻尼系数，为输出和输入同位素变化年振幅比值，无量纲，其确定方法为

$$f = \frac{B_n}{A_n} \tag{4-9}$$

式中，A_n 为同位素输入函数(降水)的振幅；B_n 为同位素输出函数(土壤水)的振幅。

第 5 章　稳定同位素技术在森林水文学研究中的应用

森林生态系统是面积最大的陆地生态系统，在涵养水源、净化水质、保持水土、减洪滞洪、调节气候等方面有着重要的作用，特别是对全球或区域尺度上的水分循环起着巨大的调节作用，影响着水量平衡的各个环节。森林以其林冠层、林下灌草层、枯枝落叶层以及土壤层来截持和存蓄大气降水，将降水重新分配并进行有效调节，森林植被变化制约着生态系统内部水分分配和河川径流量。

当前，对森林生态水文过程的研究主要包括森林生态系统和流域两个尺度，即森林生态系统水分过程和森林流域水文过程(余新晓，2013)。对森林生态系统水分过程的研究是实现流域或区域森林水文过程研究的基础和关键，而流域水文过程的研究可为流域水安全、生态安全以及经济的可持续发展提供基础理论和科技支撑。

目前森林植被对水文过程的影响研究的主要手段包括传统的水文学测量方法、遥感和模型模拟等。这些方法或者是野外工作量大，条件艰苦，数据获取困难，或者是操作复杂、烦琐，参数要求多，可选择的模型有限，而且只能定量描述各因子含量，不能较好地示踪水分来源、分配，且不能敏感地反映环境变化对水文过程的影响。

自然界的物质普遍存在稳定同位素分馏的现象。因此，同一元素不同的物质流、同一物质不同相之间的同位素值都存在差异，且这种差异非常灵敏。利用这种差异并结合适当的数学手段，就可以准确追踪自然界的各种物质流的运动变化过程。20 世纪 50 年代初，环境同位素技术开始应用于水科学领域并解决了水文学中的一些问题。此后，随着科技的发展，尤其是同位素分析技术的发展，水的同位素分析逐渐成为水科学现代研究方法之一。研究者通过研究水体本身及某些溶解盐类的同位素组成，获得了传统方法不可能得到的一些重要的信息。在生态学研究方面，碳($^{13}C / ^{12}C$)、氧($^{18}O / ^{16}O$)、氮($^{15}N/^{14}N$)和氢(D/H)的稳定同位素的相对天然丰度的分析已用于各种尺度，从细胞到种群和生态系统层面，对理解生物圈、土壤圈和大气层之间的相互作用做出了重要贡献。

20 世纪 90 年代以来，随着新技术的出现及应用，越来越多的学者将稳定同位素技术应用于生态系统水循环研究中，环境同位素技术在生态学领域也受到重视并取得了一些成果，已成为现代生态学研究的一种新方法。环境同位素技术在森林生态系统水文过程研究中的优势在于可将水循环过程，包括大气降水、林冠穿透水、地表水、土壤水、地下水和植物水等的整个迁移、转化与分配过程作为一个整体来研究，可较好地揭示大气降水再分配过程(林冠穿透水、树干茎流)环境因子的影响作用，并且可更清楚地追踪土壤水的整个迁移过程，阐明水文发生过程与影响机制，克服传统方法的缺点，能定量综合地揭示森林植被变化对水文过程的调节机理(徐庆等，2007a)。同位素观测和分析技术的发展及应用使得土壤蒸发水汽、植物蒸腾水汽以及大气水汽稳定同位素组成的计算与原位观测成为可能，一些学者利用此项技术对森林生态系统中大气水汽稳定同位素组成的测定以及森林生态系统中地表蒸散发进行了分割。此外，在森林生态系统水文过程研究中，该技术可为森林生态效益的评估提供数据支持。在小流域尺度，可利用同位素技术划分径流不同水源贡献比例，为森林生态系统水资源管理提供理论指导。当前环境同位素技术从多尺度系统，包括林分尺度及小流域尺度，将林内降水分配过程与小流域水源分割相结合，研究森林生态对水文效益的影响。

由于氧($^{18}O/^{16}O$)和氢(D/H)的稳定同位素更多地应用于水文学研究中，因此，本章以这两种同位素为主来说明稳定同位素在森林水文研究中的应用。

5.1　森林生态系统水体中的同位素特征

在全球气候变化条件下，将同位素地球化学与生态学相结合的氢氧稳定同位素技术已用来研究森林生态系统水文过程，包括大气降水、林冠穿透水、地表水、土壤水、地下水和植物水的来源、混合比和运移规律，以及森林生态系统内水分的转化关系。结合森林植被结构、土壤结构特征和林内外环境因子，定量地揭示森林植被结构对水文过程的调控机理，并创新和发展了水循环模式。下面阐述大气降水、林冠穿透水、地表水、土壤水、地下水和植物水等水体中的稳定同位素特征。

5.1.1　森林生态系统水汽来源及大气降水

大气降水作为生态系统水循环过程的重要输入项，其稳定同位素值可较好地指示大气水汽来源、气团运动路径及地区气候，是进一步研究特定区域的同位素水文过程的必要前提。陆地及海洋表面的水分蒸发时，优先进入大气的同位素较轻，而水汽在随气团运移过程中，重同位素较易降落形成雨滴，使较先降落的雨水富集重同位素，因此，自然界水同位素成分在时空分布上具有差异。

森林生态系统大气降水同位素特征总体上与森林生态系统所处的区域大气降水同位素特征相差不大。如研究在云南元阳梯田水源区林地收集的降水样品发现，研究区内δD和$\delta^{18}O$的变化范围分别为–97‰～–23‰和–13.8‰～–4.0‰，平均值分别为–58‰和–8.5‰，同位素值落在全球和昆明地区降水稳定同位素组成范围内。将降水δD和$\delta^{18}O$拟合得出研究区 LMWL 为 $\delta D=7.71\delta^{18}O+6.27$($R^2=0.98$，$n=44$)，与昆明地区大气降水线 $\delta D=6.77\delta^{18}O+3.35$ 接近(马菁等，2016；马菁，2016)。

由于森林生态系统所处区域的差异性，不同森林生态系统大气降水的差异性也非常显著，部分区域的降水同位素可能存在一定的特殊性，如四川省阿坝藏族羌族自治州汶川县卧龙自然保护区巴郎山区 LMWL 为 $\delta D=9.93\delta^{18}O+26.07$($R^2=0.95$，$n=21$)，与全球大气降水线相比，巴郎山降水线斜率和截距都明显偏大，最主要的原因是该地区地处内陆和高海拔，季风带来的水汽在不断深入大陆循环以及抬升过程中同位素特征发生变化，降水云团在到达林区之前重同位素已随降水不断发生贫化(徐庆等，2007a)。此外水汽的局地性循环也可对降水同位素值产生影响。

森林生态系统中水汽同位素研究可确定不同水汽来源对森林生态系统大气降水的贡献。形成降水的不同来源水汽的δD和$\delta^{18}O$有明显差异，因此根据不同来源水汽的δD和$\delta^{18}O$及端元线性混合模型可分割不同水汽来源对当地大气降水的贡献率。应用这个原理，研究者在南美亚马孙河流域、北美五大湖、欧洲阿尔卑斯山、中国内陆河流域等很多区域研究了不同水汽来源对当地降水的贡献率。结果发现，水汽内循环率不但与地形有关，如水汽内循环对降水的贡献率在亚马孙河流域约为 34%，在密西西比河流域则为 21%；而且与研究区域的面积和季节变化有关，如在全球尺度，在 500km 和 1000km 区域内水汽内循环对降水的贡献率分别达 10%和 20%。研究区域越大，土壤蒸发和植物蒸腾产生的水汽对当地降水的贡献率越大(Sternberg et al.，1991；Williams and Ehleringer，2000)。

5.1.2　林冠穿透水

森林冠层是生态系统产生水文生态功能的主导者。林冠对降水的第一次分配是森林生态系统(土壤-植物-大气连续体)水分循环的重要环节，直接影响降水对地面的冲击、土壤中水分的分布、植物的水分吸收、地表径流、壤中流和河川径流等，历来是森林水文学研究的重要内容。

雨滴的蒸发可以使穿透水中重同位素浓缩，同位素值增大。林冠通过延缓雨滴下落或水分在林冠的储留，增加雨水在植物表面的蒸发面积，加剧水分的蒸发。因此，植被结构不同，林冠结构不同，其林冠截留过程也不同。另外，微环境因子不同也自然会导致水分蒸发状况差异，当森林区温度高、风速大、太阳辐射强时，水分蒸发较强，从而使穿透水同位素值变大。从总体上讲，穿透水同位素值的影响因素不仅包括水分蒸发和林冠对降水的截留，而且包括温度、湿度、蒸发等多种环境因素的综合效应。卧龙自然保护区的研究表明，穿透水 δD 和 $\delta^{18}O$ 分别在$-156.9‰\sim-52.6‰$和$-17.5‰\sim-7.9‰$变化，大幅度的变化体现了林内环境的复杂性。对不同样地比较分析发现，穿透水 δD 存在显著差异，而 $\delta^{18}O$ 则无显著差别，这说明 H 比 O 对环境因子的反应更加灵敏。日本森林小流域和西双版纳热带雨林的研究结果表明，穿透雨和茎流由于受蒸发影响，其同位素值较降水富集(刘文杰等，2006)。

穿透水与降水同位素的不同主要归因于三种机制：蒸发分馏、与周围水蒸气同位素交换及时间再分配、降水与之前存储在林冠层水分的混合。与降水同位素相比，穿透水同位素组成的空间变异性差异变大。利用降水与穿透水的同位素差异可以有效反映植被对降水的截留能力。川滇高山栎灌丛冠层降水与穿透水的同位素特征表明穿透水同位素值随穿透水量增大呈现先富集后贫化、最后趋于稳定的特征，这主要是由于降水开始时林冠干燥、蒸发作用显著，随后林冠湿润、达到饱和状态，且通过林冠的雨滴占穿透水比重越来越小，使得同位素值在降水不同阶段变化显著。北京山区四种典型森林生态系统降水与穿透水、茎流同位素的差异，表明穿透水、茎流同位素受林冠、郁闭度、降水量及空气湿度等气象和环境因子的双重影响。

5.1.3　土壤水和壤中流

枯落物层作为森林水文效应的第二个活动层，在吸附、截持降水、拦蓄地表径流、减少土壤水分蒸发及增加土壤水分入渗等方面具有重要意义。土壤层作为森林水文效应的第三个活动层，降水可沿土壤毛管及非毛管孔隙下渗，被植物利用、储存或汇入河流，体现出森林涵养水源、保持水土的功能。因此，对枯落物及土壤水分同位素的研究可以较好地揭示森林调蓄降水的水分运移规律。

枯落物层因覆盖于土壤层之上，其水分同位素变化直接受到降水补给及蒸发分馏的影响，变化过程相对简单。而土壤水分运移过程相对复杂，广义上讲，运移过程包括液态流(如降水或灌溉后的土壤水分下渗)和水汽流(如土壤水分蒸发)两种方式，即一种为来水条件的下渗运动，另一种为耗水条件的上升运动。土壤水接受外界水源补给后，水分从地表渗入土壤，在土壤中进行重新分配，蒸发、渗流、植被吸收等作用使得水分耗散，且土壤水运动存在非线性和滞后现象，运动过程受降水特性、植被结构、土壤结构、环境因子等多种因素的影响。

降水同位素受区域及局地小气候影响，其值变化相对较大，因此降水同位素值在很大程度上决定了土壤水同位素值的差异。一般认为，表层土壤水同位素值受降水影响较大，随土层深入，影响程度逐渐减弱。而在不同的研究区域，由于地被物及土壤特性的差异，土壤水同位素可能没有降水变化明显。降水入渗到土壤后，与原土壤水发生混合，且在土壤中进行水平及垂直运动的过程中因蒸发而分馏，使得土壤水同位素不断富集。入渗降水一般以活塞流形式下渗，而因植被类型及土壤物理性质的差异，部分降水也可通过优先流快速到达深层土壤，而深层土壤水同位素也可能受到水岩交换的作用而发生改变。因此，可以通过对比不同林分之间的土壤水同位素值，揭示不同林分土壤水源涵养功能的差异，并结合不同深度土壤水同位素的分布特征，研究特定环境下降水入渗过程及土壤水分的运移规律。

综上所述，森林区土壤水的氢氧同位素变化受大气降水同位素、地表蒸发以及水分在土壤中的水平迁移和垂直运动等多种因素的影响。土壤水同位素可较好地示踪降水在土壤中入渗和蒸散发等运移过程。

四川卧龙亚高山暗针叶林土壤剖面不同深度土壤水氢同位素的变化与水分迁移的关系研究发现：表层土壤水 δD 受降水 δD 的直接影响，并且与降水 δD 有相同的变化趋势；50~60cm 深层土壤水 δD 受浅层地下水 δD 的影响增强，δD 基本稳定。在一次性降水 14.8mm 后 5d 内，亚高山暗针叶林中的降水对 0~5cm 表层土壤水的贡献率较高 (66.68%~83.01%)，对 30~40cm 土壤水的贡献率次之(24.50%~80.57%)，对 50~60cm 土壤水的贡献率较低(22.72%~29.17%)(徐庆等，2005)。

云南元阳梯田水源区林地土壤水同位素研究发现，0~100cm 土壤深度范围内 δD 值的变化呈现"S"形或反"S"形(图 5-1)。从整体来看，土壤水同位素值的变化峰值主要在 10~20cm 及 40~60cm 附近土层。对比降水和土壤水中的 ^{18}O 和 D，发现浅层土壤水富集 ^{18}O，其主要原因是地表的蒸发强烈，入渗降水以活塞流形式下渗，而深部土壤水稳定同位素数据表明降水通过优先流的方式快速入渗到土壤深部。40~60cm 处峰值的出现可能与优先流入渗机制有关，即降水在土壤中入渗的过程中通过大孔隙、裂缝等"快速通道"迅速渗入下层，而不与上层土壤水混合(段兴凤等，2011a；Ma et al., 2019)。

不同时段森林区土壤水的影响因素是不同的。还是以元阳梯田水源区林地为例，在 5 月 16 日(马菁等，2016；马菁，2016)，土壤水中 δD 的变化呈现随土壤深度增加而减小的趋势，0~10cm 处重同位素明显富集，变化范围为 –102.09‰~–42.02‰，说明表层

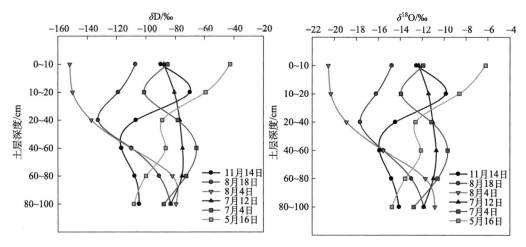

图 5-1　元阳梯田水源区林地土壤水氢氧同位素的垂直变化

土壤受蒸发作用的影响非常明显；7 月 4 日和 7 月 12 日的变化较 5 月 16 日小，尤以 7 月 12 日体现得最为明显；8 月 18 日和 11 月 14 日土壤中 δD 含量的最低值出现在 40cm 附近，可能与优先流入渗有关。值得注意的是 8 月 4 日 δD 值的变化明显表现为上层同位素贫化而下层富集，出现这种现象主要是因为 8 月 4 日之前有持续降水，累计降水量逐渐增多，降水对土壤水中 δD 值的影响较大，降水量效应(即降水量越大，δ 值越小)明显，故 8 月 4 日的降水量效应明显减弱了其他条件对 δD 值的影响。

　　不同森林类型土壤水得到降水的补给率具有显著差异，说明森林植被结构和土壤结构对降水在土壤中的运移过程具有显著调控作用。卧龙亚高山不同森林类型中，无林对照样地土壤水 δD 值与箭竹-冷杉林、杜鹃-冷杉林和川滇高山栎林内土壤水 δD 值均具有极显著差异；卧龙亚高山箭竹-冷杉林土壤水 δD 值和杜鹃—冷杉林土壤水 δD 值差异不显著。在卧龙亚高山森林中，一次性降水 11.6mm 后 6d 内，降水对枯枝落叶层的贡献率最高(59.53%~98.11%)，对 40~60cm 深处土壤水的贡献率最小(11.83%~41.74%)。

　　水体同位素证据表明森林对降水形成壤中流有显著的调控作用。对卧龙亚高山暗针叶林壤中流的研究发现，不同降水强度对壤中流影响差异较大。降水量为 0~10mm 时，降水对壤中流的影响发生在降水后第 4d；降水量为 10~20mm 时，影响发生在降水后 2~3d；降水量为 20~30mm 时，影响发生在降水后 1~2d。

5.1.4　地表水和地下水

　　森林生态系统一般在山区，地表水(一般为溪水)由本地降水和地下水混合而成。因此，地表水稳定同位素特征与降水和地下水直接相关。对地表水氢氧同位素的研究，不仅能区别地表水的来源，同时还能了解流域的水文循环和水资源条件。Penna 等(2013)对意大利阿尔卑斯山脉森林流域的研究指出，溪水的 $\delta D(\delta^{18}O)$ 值趋近于降水的 $\delta D(\delta^{18}O)$ 值。Munoz-Villers 等(2013)研究了土地利用变化对墨西哥东部热带山地雨林地表径流的影响，结果指出降水事件前的水分条件对次生林地表径流的贡献率为 26%~92%，而对成熟森林的贡献率为 35%~99%。Scholl 等(2015)在波多黎各卢基约山热带森林流域中的研究指出，流域内 75%的地表径流来自地下水，25%来自 7d 内的降水。冀春雷(2011)研究指出，在卧龙亚高山森林中，地表水的补给来源受降水的影响很小，环境因子的差异、降雨强度以及植被覆盖情况等都会使地表水(溪水)的氢氧同位素组成特征产生改变。陈建生等(2016)研究发现旱季赤水林区的地表径流主要受地下水的补给，雾水间接补给地表径流，是旱季地表径流重要的水分来源。赵良菊等(2008)在黑河源区的研究发现，降水对地表径流的主要贡献时段为每年的 6~9 月，冬季则以基流(泉水的形式)补给河水。

河南省济源市黄河小浪底库区的大沟河、砚瓦河流域(典型优势树种包括侧柏、栓皮栎等)地表水研究发现：降水和浅层地下水对河流贡献率波动范围较大，分别为 20.1%~81.2%、8.3%~47.6%，且两者对河流的贡献呈现此消彼长的负相关关系。深层地下水波动范围较小，为 10.6%~35.0%。降水对河流的贡献率与降水量相关性不显著，而是降水量、河流径流量及环境因素共同作用的结果。当春季径流量小、气候干旱时，即使产生较大降水，因降水优先补给干旱土壤，使得降水对河流贡献相对较小，平均贡献率为 24.6%，而浅层和深层地下水贡献率分别为 45.7%和 29.7%。夏季，降水量增多，径流增加，降水对河流的贡献增大至 47.0%，浅层、深层地下水贡献率相对较小，分别为 37.6%、15.4%。秋季，9 月降水 266.3mm，河道径流量剧增，降水对河流的贡献率高达 81.2%。10 月因前期降水较多，深层地下水得到充分补给，对河流贡献率为 34.7%，降水贡献率下降至 30.6%。卧龙巴朗山森林大气降水与林下皮条河河水的关系研究发现高山雪水和冰雪融水补给皮条河河水的时间为 11 月至翌年 6 月。

5.1.5　植物水

植物所能利用的水分主要来自降水、土壤水、径流(包括冰雪融水径流)和地下水。土壤水、径流和地下水最初也全部来自降水。氢氧稳定同位素在植物吸收、运输和蒸腾水分时表现出不同的变化规律。对一般植物而言，水分在被植物根系吸收和从根向叶移动时不发生氢氧同位素分馏。

北京山区典型森林生态系统植物水氢氧稳定同位素的分析结果表明，侧柏茎水和其林下灌木的 δD 分别在$-87.6‰~-43.1‰$和$-104.4‰~-51.0‰$变化，平均值分别为$-68.0‰$和$-78.9‰$，$\delta^{18}O$ 分别在$-10.4‰~-2.8‰$和$-12.5‰~-1.5‰$变化，平均值分别为$-7.0‰$和$-7.7‰$；刺槐茎水和其林下灌木的 δD 分别在$-87.1‰~-38.8‰$和$-92.8‰~-42.2‰$变化，平均值分别为$-67.9‰$和$-70.0‰$，$\delta^{18}O$ 分别在$-8.5‰~-1.4‰$和$-9.8‰~-1.5‰$变化，平均值分别为$-5.0‰$和$-5.7‰$；栓皮栎茎水和其林下灌木的 δD 分别在$-97.1‰~-49.9‰$和$-99.9‰~-40.0‰$变化，平均值分别为$-71.2‰$和$-75.9‰$，$\delta^{18}O$ 分别在$-11.5‰~-1.8‰$和$-11.2‰~-1.9‰$变化，平均值分别为$-6.5‰$和$-7.0‰$；油松茎水和其林下灌木的 δD 分别在$-92.3‰~-48.6‰$和$-104.5‰~-55.3‰$变化，平均值分别为$-66.1‰$和$-80.6‰$，$\delta^{18}O$ 分别在$-10.2‰~-1.2‰$和$-12.7‰~-2.4‰$变化，平均值分别为$-4.9‰$和$-7.6‰$。

森林生态系统中优势树种茎(木质部)水氢氧同位素被有效地应用于确定树种利用水分的来源。卧龙亚高山不同森林类型内优势植物的植物茎(木质部)水 δD 值介于降水和 60~80cm 深层土壤水 δD 值之间，表明优势植物的水分主要来源于降水和 60~80cm 深层土壤水；降水 11.6mm 后，箭竹-冷杉林中，岷江冷杉对该次降水的利用率较低，为 6.15%～31.38%，糙皮桦较高，为 42.89%～78.89%，冷箭竹最高，为 50.10%～90.85%；杜鹃-冷杉林中，岷江冷杉对该次降水利用率为 12.51%～36.14%，糙皮桦为 35.96%～81.10%，大叶金顶杜鹃为 44.95%～87.26%；在川滇高山栎林中，川滇高山栎和高山柳对该次降水的利用率分别为 58.93%～94.11%和 7.45%～49.58%。深根植物岷江冷杉对降水的依赖程度较低，更多依赖深层土壤水，浅根植物冷箭竹对降水的依赖程度较高，大叶金顶杜鹃对降水的依赖程度介于二者之间，川滇高山栎对降水的依赖程度高于高山柳。

5.2　森林生态系统中水体转化的同位素联系

　　森林生态系统是一个独立的、相对完整的生态系统，水分在不断循环和转化过程中都留下了不同的"痕迹"，水体中稳定同位素氢和氧正好可以捕捉到这些信息，帮助我们实现对森林生态系统水体转化和水文过程的理解。

　　降水是自然界森林生态系统水循环过程中的一个重要环节。在自然水循环中，降水是地表水和地下水的根本来源，但降水的形成又与地表的江、河、湖、海、植被的蒸发有关。地表水和地下水相互之间又存在不断的补给和排泄关系，三者很自然地构成水的动态循环。利用同位素的方法可估算流域内或集水区内三种水体之间相互转换的数量关系。通过分析降水、地表水、地下水等水稳定同位素 δD 和 $\delta^{18}O$ 的组成，绘制出 δD-$\delta^{18}O$ 关系曲线图，将其与全球大气降水线(GMWL)或地区降水线(LMWL)进行对比，分析各种水体来源及相互之间的转化关系，从而揭示不同水体形成、运移和补给机制。砚瓦河森林流域(田超，2015)的研究发现，地表水、浅层地下水、深层地下水降水 δD 值随春、夏、冬季节变化逐渐减小，地表水、浅层地下水变化趋势与降水相同，表明地表水、浅层地下水均受降水的补给作用。春、夏季地表水 δD 值沿程增大，秋季基本不变。浅层地下水 δD 值波动范围小于地表水，且随地表水上下波动，表明浅层地下水和地表水存在密切的水力联系。深层地下水 δD 值季节波动较小，表明深层地下水受降水等因子影响较小且沿程基本不变。地表水、浅层地下水、深层地下水的 δD-$\delta^{18}O$ 关系线分别为 $\delta D=5.21\delta^{18}O-15.40$，$\delta D=5.52\delta^{18}O-13.96$，$\delta D=5.77\delta^{18}O-11.59$。地表水与浅层地下水 δD 和 $\delta^{18}O$ 值均分布在大气降水线两侧且分散，表明两者均由降水补给，而深层地下水分布集中。地表水变化幅度小于降水，表明地表水除接受降水补给外还受其他水源补给。不同水体 δD-$\delta^{18}O$ 关系线斜率依次增大但均小于降水线，表明降水在补给前经历了一定程度的蒸发且深层地下水受蒸发影响较小。地表水、浅层地下水斜率相近，表明两者间存在显著的相互作用关系。

　　降水的氢氧同位素值受气候和地理因素的影响，具有明显的时空变化，并且与云团凝结温度、降水量、高程等环境因素之间不仅具有统计关联，而且具有因果关系。因此，查明大气降水 $\delta^{18}O$ 和 δD 在不同地区的分布特点及其与各种环境因素之间的因果关系是研究区域同位素水资源的关键和先决条件。这不仅有助于定量地解决地下水的起源和成因，而且有助于揭示森林生态系统水分转化关系以及含水层之间的水力联系，从而为最终建立一个地区的水循环模式提供理论依据。

林冠穿透水是林冠对降水的第 1 次分配，其与降水的氢氧同位素值具有较好的线性关系。由于森林植被结构的复杂性以及林内多种环境因子(温度、湿度、蒸发等)的综合影响，林冠穿透水 D(^{18}O) 贫乏，降水 D(^{18}O) 富集。在森林生态系统水文过程研究中，可利用大气降水与林冠穿透水的氢氧同位素差异有效地反映植被对降水的截留能力。

森林土壤水对植物-大气、大气-土壤和土壤-植物 3 个界面物质和能量的交换过程有重要的控制作用。不同深度土壤水氢氧同位素的空间分布实际上很好地记录了降水从地表向地下渗浸的过程，用土壤水中环境同位素的变化来研究水分在土壤中的迁移过程不失为一种有效的方法。

森林植物体水分及其所利用的水源的氢氧同位素分析，可定量阐明森林各层次优势植物之间的竞争关系和水分的吸收利用模式。同位素脉冲标记还可以有效揭示群落内不同生活型植物如何进行水资源分配、不同深度土壤含水量随季节的变化和植物吸收水分的区域变化及这种变化与生活史阶段、生活型差异、功能群分类和植物大小之间的关系。

地下水接受大气降水、地表水、土壤水的补给。环境同位素技术在生态水文中应用最成功的领域之一就是对地下水的补给、运移、滞留和排泄的整个过程以及地下水定量的深入研究。

在森林生态系统水循环研究中，首先判断大气降水的水蒸气来源，定量分析土壤水-地下水循环机制，进而研究"大气降水-林冠穿透水-地表水-土壤水-地下水"的相互作用关系，结合森林各层次优势植物吸水模式和水循环过程，彻底查明区域生态系统"六水"转化关系和水循环机制。

河水(地表水)作为水循环过程中的另外一个重要环节，通过蒸发和补排途径与大气水和地下水不断发生转化。所以开展以河水为主要对象的同位素示踪研究，揭示其主要影响因素，对于建立流域的水循环模式以及查明水资源的时空分布规律、制定水资源的可持续开发模式具有十分重要的意义。

5.3　森林水分利用来源和策略

植物体中的氢和氧几乎全部来源于水。植物所能利用的水分主要来自降水、土壤水、径流和地下水等。对一般植物而言，水分在被植物根系吸收和从根向叶移动时不发生氢氧同位素分馏，植物茎(木质部)水中的氢和氧稳定同位素比率反映了它们生活环境中的水分来源(Flanagan and Ehleringer, 1991)。因此，通过分析比较植物体(木质部)水分与植物生长环境中各种潜在水源的氢氧同位素组成，可以确定植物吸收利用的水分来源及不同来源的水分对植物水分的相对贡献大小(Williams and Ehleringer, 2000)。

5.3.1　同位素研究森林水分来源的方法

将同位素方法和其他方法结合可以定性或定量研究森林利用水分的来源。

1)定性法

定性法是利用植物水氢氧稳定同位素与水分来源进行比对，直观地区分植被的水分来源。这一方法的假设前提，在任意时间，植物根系优先利用特定的某一层土壤水。

2) 二元/三元线性模型方法

植物的水分由多个来源共同组成。通过比较植物栓化木质部水分氢氧同位素组成与不同水分来源的差异，即可得出不同水分来源对植物水分的相对贡献。利用二元/三元线性模型，就可以得出不同水分来源对植物水分的相对贡献量。

当森林有两种水分可利用时：

$$f_1+f_2=1 \tag{5-1}$$

$$\delta D=f_1\delta D_1+f_2\delta D_2 \tag{5-2}$$

$$\delta^{18}O=f_1\delta^{18}O_1+f_2\delta^{18}O_2 \tag{5-3}$$

当森林有三种水分来源时：

$$f_1+f_2+f_3=1 \tag{5-4}$$

$$\delta D=f_1\delta D_1+f_2\delta D_2+f_3\delta D_3 \tag{5-5}$$

$$\delta^{18}O=f_1\delta^{18}O_1+f_2\delta^{18}O_2+f_3\delta^{18}O_3 \tag{5-6}$$

$$C=f_1C_1+f_2C_2+f_3C_3 \tag{5-7}$$

式中，f 为不同水分来源对植物水分的相对贡献量；δD 和 $\delta^{18}O$ 为不同来源水分中的相应的氢和氧稳定同位素值；C 为不同来源水分中相应的其他成分(可为电导率、水中的离子等)的浓度值。

需要说明的是，由于同一来源水体中氢和氧的稳定同位素值一般存在线性关系，因此在两水源模型中，式(5-2)和式(5-3)可选择使用，与式(5-1)联立方程组进行求解，可得到两种水源的不同贡献量；在三水源模型中，式(5-5)和式(5-6)可选择使用，与式(5-4)和式(5-7)联立方程组进行求解，可得到三种水源的不同贡献量。

该模型适用于植物所利用的水分来源不超过三个，然而在实际情况中，植物的水分来源极其复杂，往往存在多个水分来源，这时该模型的局限性就显现出来。

3) 多元混合模型方法

由于二元/三元线性模型方法在水分来源过多时不能生成唯一解的局限性，Phillips 和 Gregg(2003)提出了可以计算多个水分来源的修正模型。通过此模型，联合专门为其开发的配套集成软件 IsoSource，可以评估不同潜在水源的可行性贡献。

IsoSource 基于稳定同位素的质量平衡原理，按照指定的增量范围(incremental range)叠加运算出水分来源所有可能的百分比组合。每一个组合的加权平均值与混合物实际测定的同位素值进行比较，处于给定的忍受范围内的组合被认为是可能的解，在最终计算完成时，会根据计算过程中每个来源的相对贡献率的频率来确定最终可行的概率分布组合。因此，最终的结果是可能的解决方法的分布图，而不是唯一解，但也会有唯一解的体现，如可能结果的平均值。合理的解的总数取决于水分来源的同位素组成、水分来源的数量、混合值、增量的设定以及忍受值。这种方法的优势在于可以将每一种水分来源的可能贡献率降到一个小的范围内，因此进一步限制了可能的解的范围。不过，在一些情况下，利用这种方法生成的解会很多，因此需要定性地评估相对贡献率。虽然这种方法不能提供明确的、唯一的解决方案，但它可以提供一个更现实、更灵活的方法，特别是考虑到植物吸收水分过程中生态过程机制的复杂性。

5.3.2　森林水分利用策略

生境是有机体生存的自然环境或围绕着一个物种种群的物理环境。不同生境下的年降水模式和方式、地下水位以及土壤水的可利用性直接决定着该地区的植物用水策略。如干旱半干旱条件下，有些植物主要利用冬季降水形成的土壤水，有些植物主要利用夏季降水形成的土壤水；有些植物利用浅层土壤水，有些植物利用深层土壤水，有些植物通过扩展根系吸收利用土壤垂直剖面中不同深度的土壤水。国内外大量学者利用氢氧稳定同位素技术对植物水分利用策略进行了研究。

虽然植物根系可以遍布整个土壤剖面，但这并不意味着所有根系在其存在的土层中都表现出水分吸收能力。而氢氧同位素技术能确定在土壤中哪部分植物根系吸收水分最活跃（Dawson and Ehleringer，1991）。相关研究已经证实了这一点。

植物利用水分的来源存在显著的季节性差异，并且不同生活型植物在利用水分来源上存在明显不同。White 等（1985）通过对阿肯色州沼泽地优势树种落羽杉（*Taxodium distichum*）的边材木质部水中 δD 的研究发现，δD 与地下水基本相同，与降水相差大。这说明落羽杉水分利用不受夏季降水影响，因为它的根在潜水层以下，降水影响不到它利用的地下水中的 δD。纽约州干燥处的北美乔松（*Pinus strobus*）在暴雨后 5d 内几乎完全利用雨水，第 6d 开始吸收心材水分；湿润处的白松暴雨后的木质液 δD 介于雨水和地下水之间，表明北美乔松利用了雨水和地下水，5d 或 6d 后，δD 几乎与地下水相同，表明其利用了地下水。通过计算，北美乔松在干旱和湿润的夏季分别利用了雨水的 20%和 32%。王平元等（2009）以斜叶榕（*Ficus tinctoria* subsp. gibbosa）为研究对象，通过测定其木质部与各种潜在水源的氢氧同位素组成，揭示了西双版纳地区斜叶榕在不同季节的水分利用变化。

植物根系的分布及根深是决定植物利用水分来源的重要因素，表层和深层根系的相对分布及其活性影响着植物吸收水分的范围。深根系种类（如高大的乔木）将吸收的深层土壤水释放到上层土壤，这个过程称为水力提升。提升上来的水分可以帮助乔木度过旱季，同时相邻的植物（如树下的草本植物）也可以对这部分水分进行利用。如在纽约州的夏季干旱中，地下水被糖槭（*Acer saccharum* Marsh.）水力提升上来，附近浅根系的草本、灌木和幼树随着到大树距离的增大表现出越来越重的萎蔫程度，通过对 δD 分析可以确定它们利用的水分中水力提升水分所占的比例（Dawson，1993）。在中国塔里木盆地的沙漠河岸森林中，胡杨（*Populus euphratica* Oliv.）也具有水力提升的能力（Hao et al.，2010）。

河岸植物可利用 3 种水源：雨水补给的土壤水、河水和地下水。在美国西部盐湖城附近，雨水的 δD 为-200‰（冬季）～-20‰（夏季），河水基本稳定在-121‰。远离河流的小树利用土壤水，靠近河流的小树利用河水，而生长在河岸的大树利用地下水，并不利用河水（Dawson and Ehleringer, 1991）。Smith 等（1991）研究了 Eastern Sierra 河岸群落，发现优势树种在生长季逐渐由利用土壤水转到利用地下水。利用氢氧同位素研究澳大利亚河岸桉树（*Eucalyptus robusta* Smith）时确定，在生长季节河岸 10～40m 范围内的桉树不利用土壤水而是利用地下水，生长在河旁 0～1m 范围内的桉树除了直接利用河水外，还利用地下水和土壤水，各种水源的比例因季节的变化而不同。

荒漠河岸林是干旱区内陆河流域河流廊道植被类型的主体，在生态结构、功能及植被景观格局中占主导地位。河岸林的发生和演替与河流有着不可分割的关系，内陆河水文特征及河道的演化都深刻地影响着其林分的组成及分布特征。赵良菊等（2008）分析了黑河下游极端干旱区荒漠河岸林植物木质部水及其不同潜在水源稳定氧同位素组成（$\delta^{18}O$），应用同位素质量守恒方法初步研究了不同潜在水源对河岸林植物的贡献。在黑河下游荒漠河岸林生态系统中，在河水转化为地下水和土壤水及水分在土壤剖面再分配过程中均存在强烈的同位素分馏。胡杨最多能利用 93% 的地下水，柽柳最多能利用 90% 的地下水，而苦豆子 97%的水分来源于 80cm 土层范围内的土壤水。即在黑河下游天然河岸林中，乔木和灌木较多地利用地下水，而草本植物仍然以地表水为主。

研究表明淡水比海水有较少的 D，佛罗里达南部热带和亚热带硬木种类主要利用淡水（降水及径流）。耐盐种类几乎全部利用海水。红树林对两种水源都可以利用（Sternberg et al.，1991）。还有研究利用 δD 或 $\delta^{18}O$ 来调查群落内不同物种水资源利用的差异（Flanagan et al.，1992），确定植物沿自然水分梯度分布与植物获得水资源深度之间的关系（Sternberg and Swart，1987）。

在整个生长过程中，植物可能不只利用一种水源。利用稳定同位素技术不仅可以确定植物所利用水分的深度，量化对两种或两种以上水源所利用的比例，而且还可以研究植物水分利用在时间和空间上的变化。Ehleringer 等（1991）通过测定年轮纤维素的 δD 可以重建植物对水分利用的变化历史。通过分析枫叶槭（*Acer tonkinense* sp.）的年轮宽度（代表径向生长增量）和年轮中的 δD，发现在生命最初 20～25 年中，δD 值与夏季降水相似，径向增长不规律；25 年以后，δD 与地下水相似，年轮较大，生长稳定。说明枫叶槭年幼时利用地表水源（如降水或河水），生长不稳定与水源的不稳定有关；树木长到一定大小时，利用到了稳定的水源——地下水，因而生长稳定。

在地中海气候生态系统中，利用氢氧稳定同位素研究发现，山龙眼科植物 *Banksia attenuata* 和 *Banksia ilicifolia* 在干湿循环中主要利用 30m 以上的地下水；在炎热的夏季，增加深层土壤水和地下水的利用；在湿润的冬季，主要利用上层土壤水；地下水的利用程度主要取决于地下水位高低、表层土壤有效含水量、根系分布状态和最大根长（石辉等，2003）。

世界上许多海岸区域常常被雾所覆盖，雾对植物，尤其是海岸沙漠区域每年很少或没有降水输入的植物，可能是一种很重要的水分来源。通过测定北美红杉（*Sequoia sempervirens*）林中雾、雨水、土壤水及优势植物木质部水分的 D 和 ^{18}O，发现植物利用了通过树木冠层截留滴落到土壤中的雾水，尤其在降水量较少的夏季或年份中，植物利用雾水的比例更大（Dawson，1993）。通过一系列包括稳定同位素技术在内的方法表明红杉叶片可以直接吸收雾水（Burgess et al.，2004）。刘文杰等（2003）对西双版纳热带季节雨林和人工橡胶林林冠截留雾水进行了研究，发现年雾水截留量与年降水量呈负相关关系；气温越低、风速越大，日雾水截留量越多。对该地区热带季节雨林生态系统的健康生长和维持而言，雾及雾水极大地弥补了降水量的不足，这种作用在降水量少的年份更为突出。通过总结国外大量研究发现，雾水对于植物的生长、分布具有重要的生态意义，是森林生态系统水分平衡、养分循环不可忽视的输入项,其生态效应是多方面的(刘文杰等,2005)。

添加示踪物如富集氘的重水与自然丰度同位素方法相结合,对于解释植物水分吸收动态以及水分在同株植物无性系分株之间转移特性很有帮助。在这些研究中,可以把 D_2O 标记的水添加到单株植物或整个实验小区,以便区分出植物利用水分的确切土壤层次、时间和群落内不同生活型植物水资源的分配格局(Schwinning and Ehleringer, 2002)。无论采用水的自然丰度示踪物还是添加示踪物,稳定性同位素技术在量化不同植物利用表层或深层水的绝对量及相对量方面起了很大的作用。当很难或不可能利用二源或三源混合模型(段德玉和欧阳华, 2007)时,将同位素示踪脉冲标记(isotope tracer pulse labeling)方法与植物蒸腾(T)和可交换水体积(V)的测量相结合能够精确量化植物对不同源水分的利用。为此,Schwinning 和 Ehleringer(2002)提出了一个动态混合模型,即通过测量 T 和 V 以及标记(f)和未标记($1-f$)水源,能够很好地理解灌木与草本混合群落的水分利用特征。

5.4　利用稳定同位素技术区分森林蒸腾和土壤蒸发

地表蒸散发发生在土壤-植物-大气连续体(soil-plant-atmosphere continuum,SPAC)复杂连续体内,它贯穿于植被生长的全过程。森林蒸散发由林冠截留降水、植物蒸腾水汽以及土壤表面的蒸发水汽组成。目前,生态系统的蒸散发可以通过涡度相关技术直接测定,但是涡度相关技术不能为理解和预测生态系统蒸散发过程提供足够的信息。蒸渗仪法、能量平衡测定法以及涡度相关法是目前广泛应用的测定地表土壤蒸发的方法,但是利用蒸渗仪方法往往会过高地估计土壤蒸发占总蒸散发的比例,而利用涡度等方法测量森林土壤蒸发存在较大困难,相对于上述三种方法,稳定同位素技术为研究生态系统水分蒸发和凝结过程提供了较为有效的手段。

5.4.1　植物水分代谢过程中同位素变化

陆地表面和大气之间存在大量水分蒸腾与蒸发,是地表水资源形成的潜在来源,而植物所能利用的水分主要来自大气降水(包括降雪)、土壤水、地表径流、壤中流和地下水等。水是万物之源,植物需要不断地从周围环境中吸收水分以满足自身正常的生命活动,但是,植物又不可避免地要向大气中散发大量水分,故植物实际上处于水分动态变化中。因此,植物水分代谢共有三个过程,即水分的吸收、水分在植物体内的运输和水分的排出。

水分在植物体内运输时,除了少数盐生植物外,氢氧稳定同位素并未发生分馏,是因为水分在栓化或成熟的植物体内运输时不存在汽化现象,即植物导管内的水分氢氧稳定同位素与其来源处的值一致;然而当水分到达未成熟或未栓化的枝条、茎干或者新鲜的叶片时,蒸发、蒸腾必将造成此处植物水分发生明显的氢氧稳定同位素分馏,该处的水分比来源处的水分会更加富集重同位素,并表现出明显的空间异质性。此外,同湿润条件下相比,生长在干旱地区的植物叶片这一现象尤为明显。叶片水分蒸腾过程中的同位素分馏取决于当时的大气情况，因此了解叶片水分的氢氧稳定同位素变化可以帮助建立植物蒸腾和环境因子的相关关系。水是植物体内氢的唯一来源，而植物体内的氧则来源广泛，包括二氧化碳、水和大气中的氧气，不过有研究指出二氧化碳和氧气对植物纤维素内的 $\delta^{18}O$ 没有影响，因此不同来源处的水就直接决定了植物体内的纤维素中氢氧稳定同位素的组成。叶片内的氢同位素的分布也存在差异，如雪桉叶片中氢同位素叶尖最高、基部最低。

植物中 H 和 O 元素的主要来源是水，在植物所能利用的水分中，大气降水、土壤水、径流和地下水是主要来源。由于土壤水分输入存在明显的季节变化，表层土壤水蒸发或土壤中水分和地下水之间的同位素组成上的差异造成了土壤水分存在较为明显的同位素组成梯度。造成不同来源水分同位素差异的一个重要原因就是同位素分馏，造成同位素分馏的原因主要有蒸发、降落、渗透等物化过程。与自然界中物化过程导致的同位素分馏不同的是，除了少数植物外，一般来说水分在植物体内运输过程中并未发生汽化现象，植物根系吸收水分后，在其木质部水分运输过程中不发生同位素分馏效应，即根和植物木质部内水的同位素组成与土壤中可供植物吸收的水的同位素组成相近。同时，研究发现，相对于草本植物，木本植物更加依赖深层次土壤水甚至地下水来满足自身蒸腾需要。

尽管水分从植物根系向枝干运输过程中以及到达叶片或者到达植物未栓化枝条前不发生同位素分馏，但当水分通过植物蒸腾作用从叶片表面以及气孔散失的过程中，蒸腾作用会造成叶片水显著富集，导致叶片水 ^{18}O 富集。同时，光合作用也可以导致同位素分馏，叶片光合作用过程中，羰基氧与 H_2O 分子中的 O 原子发生交换，在这个过程中，O 原子的交换比率决定了植物纤维素中 O 同位素的组成情况，生物体不同的代谢方式也可以引起合成碳水化合物 ^{18}O 和 ^2H 组成的差异（Sternberg and Swart，1987）。

森林生态系统土壤-植被-大气系统水汽交换过程中，水分在土壤蒸发和植物蒸腾过程中均会发生由液态到气态的相变过程，土壤蒸发过程中产生的水汽同位素组成相对于土壤水同位素组成发生贫化，植物蒸腾则导致了在蒸腾过程中植物叶片水发生富集，当植物处于蒸腾较强烈状态、蒸腾处于同位素稳态（isotopic steady state，ISS）时，植物蒸腾水汽同位素组成接近植物木质部水同位素组成，根据这一原理，我们可以得到同位素稳态或者植物处于强烈蒸腾状态下植物蒸腾水汽同位素组成，由于植物木质部水同位素组成代表植物根系不同深度的土壤水同位素组成的混合体，同时高度分馏的土壤蒸发水汽同位素组成与土壤水同位素组成间存在显著差异，这是利用稳定同位素技术对生态系统蒸散发进行区分的理论基础。

5.4.2　同位素方法计算蒸散发组分

作为一种比较成熟可靠的技术，稳定同位素技术可以解释生态水文过程间的联系，区分蒸散发组分特征目前已被较多应用于植被蒸发组分定量区分研究中，并结合涡动协方差、波文比、液流观测等方法，实现生态尺度上蒸散发组分量化和分离。而蒸腾水汽同位素组成的精确确定，将有助于利用稳定同位素技术，区分蒸散发中不同组分（植物蒸腾和土壤蒸发）的比例构成。

稳定同位素技术与冠层/生态系统尺度通量测量相结合，能够将冠层水分通量解析为不同组分水分通量。f_n 为净通量，f_1 和 f_2 为两个初级通量组分，三者的同位素组分分别为 δ_n、δ_1 和 δ_2。根据同位素质量平衡原理：

$$f_n\delta_n = f_1\delta_1 + f_2\delta_2 \tag{5-8}$$

据此可推导出 f_1 和 f_2 的计算公式：

$$f_1 = \frac{f_n(\delta_n - \delta_2)}{\delta_1 - \delta_2} \tag{5-9}$$

$$f_2 = \frac{f_n(\delta_n - \delta_1)}{\delta_2 - \delta_1} \tag{5-10}$$

通过以上原理和方法，借助稳定同位素手段，可对水分能量组合进行定量解析。

从同位素质量守恒出发，可得到林分蒸腾量和蒸散发量的比值 f_T：

$$f_T = \frac{\delta_{ET} - \delta_E}{\delta_T - \delta_E} \tag{5-11}$$

式中，f_T 为林分蒸腾量和蒸散发量的比例；δ_{ET} 为蒸散发水汽同位素组成，通过水汽同位素原位连续观测测量得到；δ_T 为植物蒸腾水汽的同位素组成(‰)；δ_E 为土壤蒸发的水汽同位素组成(‰)，通过 Craig-Gordon 模型来计算：

$$\delta_E = \frac{\alpha_{L\text{-}V}\delta_s - h\delta_V - \varepsilon_{L\text{-}V} - \Delta\xi}{(1-h) + \Delta\xi/1000} \approx \frac{\delta_s - h\delta_V - \varepsilon_{L\text{-}V} - \Delta\xi}{1-h} \tag{5-12}$$

式中，δ_s 为 0~5cm 土壤同位素组成(‰)；h 为 5cm 土壤深度的相对湿度(%)；$\alpha_{L\text{-}V}$ 为水汽相变平衡分馏系数，也可表达为 $\varepsilon_{L\text{-}V}$，为一定值；δ_V 为大气水汽同位素组成(‰)；$\Delta\xi$ 为同位素动力扩散系数，为一定值，计算公式如下：

$$\Delta\xi = (1-h)\theta \times n \times C_D \times 10^3 \tag{5-13}$$

式中，θ 为分子扩散分馏系数与总扩散分馏系数之比，对于蒸发通量不会显著干扰环境湿度的小水体而言，包括土壤蒸发，一般取 1.0，但是对于大的水体，一般取值范围为 0.5~0.8；n 为描述分子扩散阻力与分子扩散系数相关性的常数，对于不流动的气层而言(土壤蒸发和叶片蒸腾)，一般取 1.0；C_D 为描述分子扩散效率的参数，相对于 $H_2^{18}O$ 来说一般取 28.5%。地表 5cm 深度处的土壤温度对应的相对湿度 h 为一定高度处大气实际水汽压与 5cm 处土壤温度对应的饱和水汽压之比：

$$E_0 = e_0 \times \exp\left(\frac{b \times T}{T + c}\right) \tag{5-14}$$

式中，E_0 为饱和水汽压；e_0 为定值，取 0.611kPa；b 为定值，取 7.63；c 取 241.9℃；T 为地表 5cm 处土壤温度。

借助式(5-12)，通过样地土壤样品采集及土壤水分同位素分析，获得表层土壤蒸发(0.05m 及 0.1m)液态水 $\delta^{18}O$，结合对应深度土壤温度、湿度以及地表 5cm 处水 $\delta^{18}O$ 等 Craig-Gordon 公式中涉及的参数便可估算出土壤蒸发 δ_E。值得注意的是，在林内条件下，土壤水 $\delta^{18}O$ 空间异质性较强，因此合理的采样和统计分析方法对于土壤蒸发水汽同位素比值 δ_E 的准确预测显得尤为重要。

δ_T 为植物蒸腾水汽的同位素组成，在稳态下相当于茎干氢氧同位素，在非稳态下通

过 Craig-Gordon 模型来计算:

$$\delta_T = \frac{\dfrac{\delta_{L,e}}{\alpha^+} - h\delta_{V,c} - \varepsilon_{eq} - (1-h)\varepsilon_k}{(1-h) + (1-h)\varepsilon_k / 1000} \tag{5-15}$$

式中, $\delta_{V,c}$ 为地上 11m 处大气水汽同位素组成(‰); h 为大气相对湿度(%); $\delta_{L,e}$ 为叶片蒸发点位处的水汽同位素组成; ε_{eq} 为平衡分馏效应, $\varepsilon_{eq} = (1 - 1/\alpha^+)\times1000$; ε_k 为动力学分馏系数, 通常视为常数 1.0164; α^+ 是平衡分馏系数, 根据表层土壤温度进行计算:

$$\alpha^+ = \frac{1.137\left(\dfrac{10^6}{T^2}\right) - 0.4516\left(\dfrac{10^3}{T}\right) - 2.0667}{1000} + 1 \tag{5-16}$$

式中, T 是 0.05m 深处的土壤温度(K)。

蒸散水汽氧同位素组成(δ_{ET})的确定: 蒸散水汽氧同位素组成估算由 Keeling plot 方法确定, 其描述大气水汽的稳定同位素比与其浓度倒数之间的线性关系, 该直线在 y 轴的截距表示蒸散水汽氧同位素组成(δ_{ET}):

$$\delta_{v8} = C_a\left(\delta_a - \delta_{ET}\right)\left(\frac{1}{C_V}\right) + \delta_{ET} \tag{5-17}$$

式中, δ_{v8} 和 δ_a 分别是生态系统边界层(距地表 8m 处)和背景大气(距地表 18m 处)水汽氧同位素组成; C_V 和 C_a 分别是生态系统边界层、背景大气水汽浓度; δ_{ET} 是生态系统蒸散发氧同位素组成。

利用 $\delta^{18}O$ 区分森林生态系统中土壤蒸发和植物蒸腾这一问题的核心就是如何利用 $\delta^{18}O$ 准确确定生态系统蒸散水汽 δ_T、土壤蒸发水汽 δ_E 及植物蒸腾水汽 δ_{ET}, 通过三者间关系与量化数值区分生态系统蒸散发中土壤蒸发与植物蒸腾贡献的比例。目前, 已经有大量的研究利用 $\delta^{18}O$ 技术实现了生态系统土壤蒸发和植物蒸腾的区分。Moreira 等(1997)在亚马孙森林以及欧洲橡树林利用高度梯度上的稳定同位素组成与水蒸气浓度倒数来确定蒸腾和蒸发对蒸散发的贡献。结果表明, 在亚马孙森林中, 植物蒸腾占据整个蒸散发通量的 76%～100%。北京山区对侧柏林大气水汽 $\delta^{18}O$ 进行原位连续观测, 同时选取 4 个典型晴天(2016 年 8 月)采集枝条和土壤样品并测定样品水中的 $\delta^{18}O$, 结果表明, 日尺度上, 利用 Craig-Gordon 模型计算的土壤蒸发水汽氧同位素组成(δ_E)在 4 个测定日中均先增大后减小, 介于–5.97%～–2.69%, 最大峰值出现在 12:00～14:00, 而近地面大气相对湿度(h)先减小后增大, 二者关系为 $\delta_E = -0.03h^2 + 4.85h - 209.5$($R^2 = 0.55$, $n = 32$), 表明 $h > 75\%$ 时, 环境相对湿度越大, 同位素分馏效应越明显; 基于稳态假设估算的植物蒸腾水汽氧同位素组成(δ_T)和 Keeling 曲线拟合的侧柏林蒸散水汽氧同位素组成(δ_{ET})分别介于–1.21%～–0.95%、–1.60%～–1.0%, 日变化趋势复杂, 日间变化差异大, 但同一观测日内 δ_T 和 δ_{ET} 变化趋势基本一致, 表明植物蒸腾非稳态可能对 δ_T 的估算产生偏离, δ_{ET} 变化主要受 δ_T 影响; 4 个测定日中蒸腾量占总蒸散发量的比例(FT)介于 90.14%～92.63%, 说明研究区侧柏林生态系统生长旺季蒸散发绝大部分来自植物蒸腾(刘璐等, 2017)。

通常情况下,δ_T 和 δ_E 之间会有明显的差异,但是当土壤变得干燥时,土壤表层水 $\delta^{18}O$ 更容易富集,这导致土壤蒸发水汽 δ_E 逐渐升高,进而导致土壤蒸发水汽 δ_T 和植物蒸腾水汽 δ_E 之间的差异逐渐减小,但即使这样,也只有当土壤变得非常干燥并且近似达到平衡状态时才会对土壤蒸发 δ_T 和植物蒸腾 δ_E 比例的估计造成显著的影响。由于生态系统中蒸散发的混合来源(土壤蒸发和植物蒸腾)以及混合物(生态系统蒸散发)的总体变异是较为固定的,因此只能通过增大样本数量来减小结果的误差,即通过较多的观测数据来实现较为精确的森林生态系统蒸散发区分,通过加大样本的观测密度,获得相对较高时间分辨率的 δ_E、δ_T 和 δ_{ET} 数据对于降低利用公式估算的生态系统土壤蒸发和植物蒸腾混合比例不确定性是目前一种有效手段。

在利用 $\delta^{18}O$ 技术区分生态系统土壤蒸发与植物蒸腾过程中,仍然有许多挑战。由于目前没有准确、可靠的方式计算植物蒸腾水汽 $\delta^{18}O$,对于植物蒸腾水汽 $\delta^{18}O$ 往往基于同位素稳态假设,即通常认为植物未发生分馏的茎干水或者枝条水 $\delta^{18}O$ 与植物蒸腾 $\delta^{18}O$ 一致,稳态假设如果基于长时间尺度,如年是成立的,但是在短时间尺度,如日、小时甚至分钟尺度,外界环境(温度、湿度、气压等)显著影响植物蒸腾水汽 $\delta^{18}O$,导致稳态假设只有在中午时才近似有效,稳定状态假设只是一个近似值,植物蒸腾水汽 $\delta^{18}O$ 在早晨比植物枝条水低,而植物蒸腾水汽 $\delta^{18}O$ 在下降比植物枝条水高,因此利用稳定状态假设会对植物蒸腾水汽 $\delta^{18}O$ 的估算带来误差。

利用稳定同位素技术研究森林生态系统水分循环过程中,对于不同时间尺度上森林生态系统蒸散发的研究依然存在很多亟待解决的问题。同时,由于山区地理环境复杂,影响因素众多,需要对该技术在森林生态系统中的应用条件以及注意事项进行深入研究,进一步提高计算结果的准确性。

5.5　利用稳定同位素技术计算土壤水分平均滞留时间

土壤水分平均滞留时间是指水分从进入土壤开始,运移至某一特定土层所需要的平均时间。由于土壤理化性质、地质地貌以及时间等的差异,土壤中的水是各种来源、不同滞留时间水体组成的混合体。土壤水平均滞留时间可以很好地反映土壤储存和释放水的能力,滞留时间长说明水分和土壤接触的时间比较长,意味着降水或径流输入到土壤中的过程中有更多的时间进行各种化学作用。因此,滞留时间在控制土壤或小流域的水质方面发挥着十分重要的作用。同时,水分平均滞留时间的长短还可以揭示外界环境变化对水分循环的影响。氢氧同位素以其不易受环境变化的影响、样品容易收集和保存,同时相对简单和便宜的优点而逐渐被用于估计平均滞留时间(McGuire et al., 2002)。

降水和土壤水中的氢氧同位素和氘盈余这三个数值的变化具有周期性,其变化趋势接近正弦函数或余弦函数。通过模型的拟合和计算,对比降水拟合曲线和土壤水拟合曲线之间的振幅以及位移,就可以计算出从地表开始直至土壤水入渗到某一特定土壤层所需要的时间,即土壤水分的滞留时间。具体的计算如下:

$$\tau = c^{-1}\sqrt{f^{-2}-1} \tag{5-18}$$

式中，τ 为土壤水分平均滞留时间(a)；c 为角频率常数($2\pi/365$)，无量纲；f 为输出和输入同位素变化年振幅比值，无量纲，其计算如下：

$$f = B_n/A_n \tag{5-19}$$

式中，B_n 为输出(土壤水)同位素变化年振幅(‰)；A_n 为输入(降水)同位素变化年振幅(‰)。计算方法为

$$\delta = \beta_0 + A\left[\cos\left(ct - \varphi\right)\right] \tag{5-20}$$

式中，δ 为模拟同位素值(‰)；β_0 为估计的年平均同位素值(‰)；A 为年振幅(‰)；φ 为滞后相位(rad)；t 为计算日期之后的天数。

式(5-20)直接计算有一定困难，可用一个含独立的正弦和余弦变量的标准多元回归模型来估算：

$$\delta = \beta_0 + \beta_{\cos}\cos\left(ct\right) + \beta_{\sin}\sin\left(ct\right) \tag{5-21}$$

式中，$\beta_{\cos}$ 和 $\beta_{\sin}$ 为回归系数，可用来计算 $A = \sqrt{\beta_{\cos}^2 + \beta_{\sin}^2}$ 和 $\tan\phi = \left|\dfrac{\beta_{\sin}^{\cos}}{}\right|$。

多元回归分析可由 SPSS 等计算软件来实现。

下面以元阳梯田森林生态系统土壤水分滞留时间的确定为例(马菁，2016；Ma et al., 2019)。

将乔木林地、灌木林地和荒草地 3 种森林植被类型 0~100cm 厚度的土壤按 0~20cm、20~40cm、40~60cm、60~80cm 以及 80~100cm 分为五层，利用式(5-20)对降水和土壤水中的 δ^{18}O 值进行模拟，得到了各土层深度土壤水分与降水的变化关系(图 5-2)。

计算得到不同森林植被类型、不同深度土壤水分滞留时间如表 5-1 所示。

表 5-1　元阳梯田水源区乔木林地、灌木林地和荒草地不同深度土壤水分滞留时间

土壤层深度/cm	滞留时间/d		
	乔木林地	灌木林地	荒草地
0~20	—	—	—
20~40	53.3	75.8	100.0
40~60	92.8	96.0	94.7
60~80	65.7	125.5	101.4
80~100	93.4	142.0	115.0

注：—表示未能计算出结果。

可以看出，元阳梯田水源区三种森林植被类型的土壤水分平均滞留时间各不相同。随着深度的增加，三种森林植被类型的土壤水分滞留时间大致表现为逐渐增加的趋势，至深层 100cm 处，土壤水分滞留平均时间表现为灌木林地>荒草地>乔木林地。究其原因，乔木林地植被茂密，树木多为高大乔木，根系分布较深，土壤水分多用于供给地面植物生长，尤其在降水量少、蒸发强烈的旱季，植物消耗水分的量较大。虽然乔木林地的土壤结构好，孔隙度大，利于水分下渗，土壤的蓄水和保水能力较强，能较好地维持水分的动态平衡，但是植被吸收利用和蒸腾作用等使得乔木林地土壤水分的滞留时间并不是

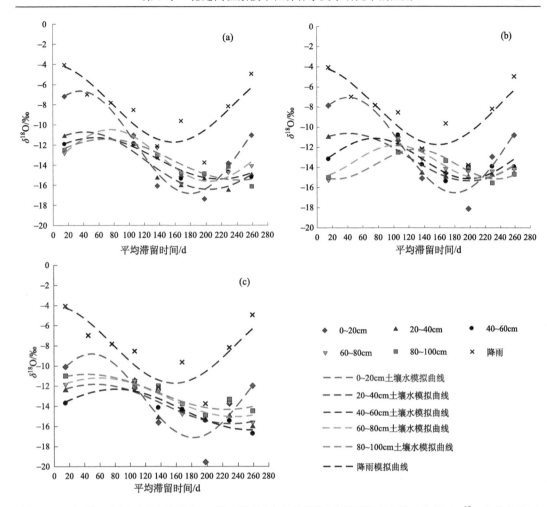

图 5-2　元阳梯田水源区乔木林地(a)、灌木林地(b)和荒草地(c)不同深度土壤水和降水 $\delta^{18}O$ 变化的模拟

最长的。灌木林地土壤水分滞留时间最长,因为灌木林地的植被多为浅根性的灌木,深层根系分布很少,在雨季降水量大、空气湿度增大、蒸发量减少的情况下,植物生长所需的水分通过降水就可以基本满足,从土层深处吸收水分的量较少;加之灌木的覆盖度较大,在一定程度上减少了土壤水分的蒸发,因此,灌木林地土壤水分的滞留时间反而大于乔木林地。另外,0~20cm 土层土壤水受外界的影响较大,使得其曲线振幅大于大气降水曲线的变化振幅,所以未能算出该层的土壤水分滞留时间。因为表层土壤水分对外界环境蒸发、植物蒸腾、降水以及其他因素的影响比深层敏感,所以该问题的解决需要分析更长时间序列的数据,以减小短时间序列中偶然因素对其同位素变化的影响。

第6章　哈尼梯田生态系统大气降水同位素特征及水汽来源

6.1　引　　言

　　大气降水作为水循环过程的主要输入项，广泛地参与了地球各圈层的能量和物质交换。掌握大气降水 δD 和 $\delta^{18}O$ 的变化特征有助于了解和认识不同区域内大气降水水汽的来源及循环历史，同时可反映天气气候和区域自然地理特征，因此该技术被广泛应用于水汽源地的示踪、局地水汽循环、古气候重建、大气模型参数的优化及天气预测等的研究。近几十年来，国内外很多地方均展开了对降水 δD 和 $\delta^{18}O$ 组成及其水汽来源的研究，取得了丰富的成果。已有研究发现，由于地理和气候条件的差异，不同地区大气降水 δD 和 $\delta^{18}O$ 组成特征差异显著。所以，多地区大气降水 δD 和 $\delta^{18}O$ 资料的累积是进一步研究中国大气降水 δD 和 $\delta^{18}O$ 变化特征的基础。另外，对森林生态系统水循环过程中降水 δD 和 $\delta^{18}O$ 的时间和空间变化特征进行分析，可明确区域大气降水的水汽来源及水循环过程的特征，能为降水对生态系统中地表径流、地下水、土壤水和植物水的补给机制的定量研究以及森林生态系统水循环机理的深入探讨奠定坚实的基础。

　　本章基于 2019 年 3 月～2020 年 2 月收集的 99 个大气降水样品的 δD 和 $\delta^{18}O$ 数据，结合该研究区的环境条件以及 HYSPLIT 的模拟结果，分析哈尼梯田水源区降水 δD 和 $\delta^{18}O$ 的组成特征及其与环境因素的相互关系，并对区域大气降水的水汽来源及其运移过程进行深入探讨，以期为哈尼梯田区森林-梯田复合生态系统水循环过程的定量研究以及哈尼梯田的可持续发展提供数据支持。

6.2　降水量、气温及降水中 δD 和 $\delta^{18}O$ 的季节变化

6.2.1　降水量及气温的变化特征

　　哈尼梯田水源区 2019 年 3 月～2020 年 2 月共有 166d 发生降水事件，降水总量为 1286.5mm，主要集中在雨季(5～10 月)，降水量达 984.5mm，占年降水量的 76.5%(图 6-1)，降水日数 111d，占年降水日数的 66.9%，其中最大降水量为 57.2mm，发生在 2019 年 7 月 24 日；旱季(3～4 月，11 月至翌年 2 月)，降水量 302.0mm，只占全年降水量的 23.5%，降水日数为 55d，占全年降水日数的 33.1%。气温在 6 月为年内最高，月均值为 22.1℃(表 6-1)；气温在 1 月为年内最低，月均值为 10.8℃。

　　降水量超过 20mm 的共 20d，其中雨季有 17d，旱季有 3d，占比最大的月份为 2019 年 10 月，有 5d，占总降雨天数的 3.01%，其次为 2019 年 7 月的 4d，占总降雨天数的 2.41%，2019 年 8 月有 3d，占总降雨天数的 1.81%，2019 年 5 月、8 月和 11 月分别有 2d，各占比 1.20%，而 2019 年 6 月和 2020 年 1 月各有 1 场，各占最小比例，即 0.60%；

降水量在 10～20mm 的共 20d,其中雨季 15d,旱季 5d;降水量小于 10mm 的降水共 126d,
其中雨季 79d，旱季 47d。

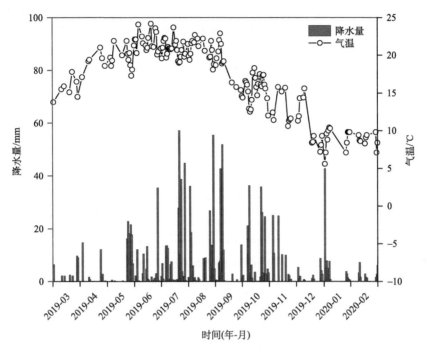

图 6-1　降水量和气温的月变化

表 6-1　2019 年 3 月～2020 年 2 月降水量、月均温以及 δD、$\delta^{18}O$ 和 d-excess 的月变化

时间	月降水量/mm	月平均温度/℃	δD 月加权平均值/‰	$\delta^{18}O$ 月加权平均值/‰	d-excess 月加权平均值/‰
2019 年 3 月	22.3	16.1	−31.07	−5.55	13.30
2019 年 4 月	50.9	20.4	−42.94	−7.43	16.52
2019 年 5 月	81.5	21.9	−35.60	−5.61	9.30
2019 年 6 月	115.9	22.1	−49.78	−7.06	6.74
2019 年 7 月	253.9	21.1	−71.79	−9.62	5.16
2019 年 8 月	188.2	21.4	−100.08	−13.70	9.50
2019 年 9 月	135.1	19	−106.83	−14.64	10.28
2019 年 10 月	209.9	15.7	−98.20	−14.07	14.36
2019 年 11 月	87.7	14.2	−46.57	−7.08	10.05
2019 年 12 月	29.8	11.8	−63.67	−10.22	18.06
2020 年 1 月	82.7	10.8	−48.67	−7.70	12.97
2020 年 2 月	28.6	11.5	−44.94	−7.73	16.90
雨季	984.5	20.2	−83.74	−11.60	9.05
旱季	302	14.1	−47.66	−7.66	13.65

6.2.2　大气降水中 δD 和 $\delta^{18}O$ 随时间的变化

哈尼梯田水源区大气降水 δD 和 $\delta^{18}O$ 的变化范围为−131.87‰~−13.75‰和−18.93‰~−3.56‰，加权平均值分别为−75.18‰和−10.67‰（图6-2，表6-1）。全球大气降水中 $\delta^{18}O$ 在−50‰~10‰变化，均值为−4‰，δD 在−350‰~50‰变化，平均值为−22‰；中国大气降水中 $\delta^{18}O$ 在−24‰~2‰变化，δD 在−210‰~20‰变化，平均值分别为−8‰和−50‰；中国西南地区各地大气降水中 $\delta^{18}O$ 和 δD 值的变化范围分别是−11.57‰~−7.26‰和−96.97‰~−54‰。可见，研究区大气降水中 $\delta^{18}O$ 和 δD 的变化范围均处于全球、我国及中国西南地区各地的变化范围以内。同全球、中国以及西南地区其他地方降水的 δD、$\delta^{18}O$ 进行比较，哈尼梯田水源区降水 δD 和 $\delta^{18}O$ 的均值相对来说比较贫化，说明研究区大气降水中的重同位素在水汽到达样地之前就经历了一定程度的贫化，可能原因有两个：首先，哀牢山等高大地形作用，即来自孟加拉湾水源地的印度洋夏季水汽越过无量山、哀牢山后降水量减少而导致降水 δD 和 $\delta^{18}O$ 值发生变化；其次是西南方向运输的水汽在向印度中部大陆传输过程中，不断形成降水，从而使得降水云团中所剩的水汽逐渐减少，水汽中的 δ 值也在逐渐减小；而往南海通道运输的水汽由于经过了老挝、泰国等南亚大陆，使得水汽中的重同位素产生了一定程度的损耗，因此，水汽在到达云南的西部地区时，其中的重同位素已经很少了，随着水汽不断向东移动，重同位素也在逐渐衰减。

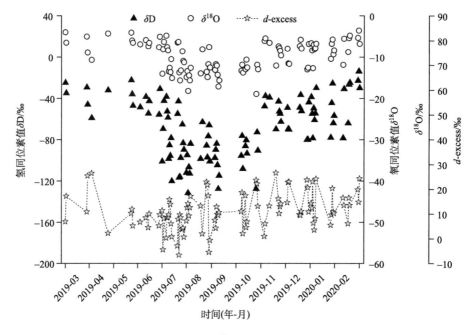

图 6-2　研究区大气降水 δD、$\delta^{18}O$ 和 d-excess 随采样时间的动态变化

6.3　大气降水线及过量氘（*d*-excess）

6.3.1　大气降水线

除全球大气降水线 GMWL 外，不同地区都有反映其区域降水特征的大气降水线，通常称之为区域降水线 LMWL，它能把该地区的自然地理与气象条件之间的相互关系很好地反映出来。根据研究区 2019 年 3 月~2020 年 2 月 12 个月的大气降水 δD 和 $\delta^{18}O$ 测定值，利用最小二乘法拟合得到哈尼梯田水源区的 LMWL［图 6-3（a）］为

$$\delta D = 7.67\delta^{18}O + 7.87 \quad (P<0.001，R^2=0.937，n=99) \tag{6-1}$$

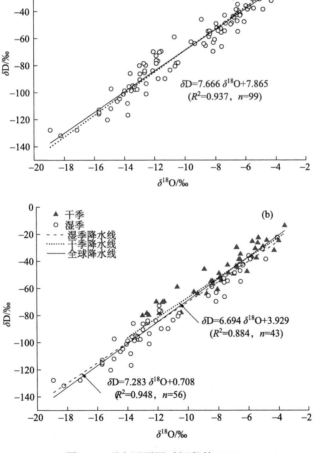

图 6-3　研究区不同时间段的 LMWL

与全球大气降水线和中国大气降水线相比，其截距和斜率都偏小。LMWL 的斜率与降水形成过程中的温湿度及外部条件（如水汽来源等）密切相关，而截距则与温度的关系

较大。温暖地区的夏季(雨季),在降雨过程中会发生水分蒸发,因此,降水的雨量效应会使得 LMWL 的斜率和截距都降低。有研究指出小降雨事件的云下二次蒸发现象较为明显,并且小降雨事件常常伴随着强烈的同位素的动力分馏作用,从而使得 LMWL 的斜率和截距都变小了。研究期内收集的 99 个降雨样品中,有 64 个降雨样品是来自降雨量≤10mm 的小降雨事件,因此认为在降雨过程中严重的再蒸发使得 δD 产生了不平衡的蒸发分馏作用,从而导致 LMWL 的斜率和截距都偏小。另外,LMWL 的斜率小于 8 的情况,在一定程度上反映了该区降水水汽来源于具有不同稳定氢氧同位素比率的源地。总的来说,研究区 LMWL 的斜率和截距均偏小的情况说明了哈尼梯田水源区的水汽来源地的 δD 和 δ^{18}O 不同,而且在降水过程中,除了受到蒸发作用的影响以外,还可能与其他环境因素密切相关,从而导致 δ^{18}O 偏离了全球大气降水线和中国大气降水线。

为了深入地认识不同季节下气候条件对降水 δD 和 δ^{18}O 的影响,得到了雨季和旱季降水中的大气降水线[图 6-3(b)]:

旱季: $\qquad \delta D = 6.69\delta^{18}O + 3.93$ ($P<0.001$,$R^2=0.884$,$n=43$) $\qquad$ (6-2)

雨季: $\qquad \delta D = 7.28\delta^{18}O + 0.71$ ($P<0.001$,$R^2=0.948$,$n=56$) $\qquad$ (6-3)

由式(6-2)和式(6-3)可以看出,雨季大气降水线的斜率略大于旱季,而旱季大气降水线的截距相比于雨季偏大,但与全球大气降水线和中国大气降水线相比,研究区旱季和雨季大气降水线的斜率和截距都相对较小,雨季大气降水线的斜率略比旱季大,这可能是由于雨季的降水量相对较大,且在持续形成降雨过程中,大气水汽压因为水汽含量的逐渐饱和而不断变大,致使云下的再次蒸发作用变弱,最终导致降水同位素的分馏效应也相应减弱;旱季大气降水线的截距相比于雨季来说有点偏大,说明研究区旱季的水汽团在形成时所处的环境湿度相对较小,导致 δD 和 δ^{18}O 的动力分馏作用加强。

6.3.2 *d*-excess

d-excess 表示蒸发分馏过程的不平衡程度,是一次大气降水的综合环境因素指标,可以作为示踪水汽来源的一个重要参数,*d*-excess 值的大小主要受水汽源区的相对湿度的控制:假如水汽源区的空气相对湿度变低,则降水的 *d*-excess 值会升高;反之,*d*-excess 值降低,两者之间为负相关关系。另外,如果降水云团在运移的过程中接受地表蒸发水汽的补给以及在云下受到二次蒸发作用的影响,也会让大气水汽的 *d*-excess 值发生改变。因此,降水的水汽来源以及水汽循环过程中的季节差异,也会导致同一地区降水的 *d*-excess 值发生相应的变化。研究区大气降水中的 *d*-excess 值较为偏正,其值介于–6.65‰～26.62‰,加权平均值为 10.14‰,比全球平均值(10‰)高(图 6-2)。在 99 个降水样品中,有 53 个 *d*-excess 值比全球平均值高。从月尺度来看,研究区降水中 *d*-excess 值的差异较为显著(表 6-1 和图 6-4),有 8 个月的 *d*-excess 值均高于全球降水的平均值,其中 2019 年 12 月最高(18.06‰),2019 年 7 月最低(5.16‰)。

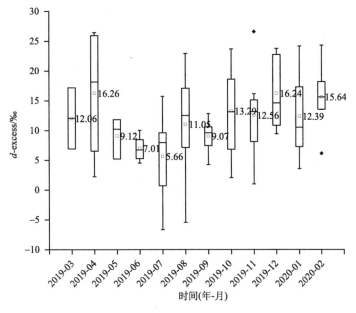

图 6-4　研究区降水中 d-excess 的月平均值

　　研究区大气降水的 d-excess 值也存在明显的季节变化，旱季降水中 d-excess 的加权平均值为 13.65‰，高于全球范围的平均值；雨季降水中 d-excess 的加权平均值为 9.05‰，低于全球范围的平均值，总体呈旱季高雨季低的趋势。这表明雨季的水汽源区比旱季湿润，在雨季，水汽主要是来自印度洋、太平洋和南海等低纬度地区的海洋性水汽，在降水形成过程中所受到的蒸发作用相对较弱，d-excess 值相对较小，且由于沿途降水的不断冲刷而导致降水中的 δD 和 $\delta^{18}O$ 相对较小；而在旱季，由于来自低纬度的海洋性水汽逐渐减少，而来自西风带输送的水汽和局地的蒸发水汽不断增加，且在降水形成过程中所经受的蒸发作用相对较强，降水中的 δD、$\delta^{18}O$ 和 d-excess 值均比雨季高。大量研究都表明，在季风区，降水中的 d-excess 值存在着明显的季节性变化规律(即冬季高而夏季低)。

6.4　降水中 δD 和 $\delta^{18}O$ 与气象因子的关系

6.4.1　降水中 δD 和 $\delta^{18}O$ 与温度的关系

　　取样期间降水的 δD 和 $\delta^{18}O$ 最大值出现在温度不是最高的 3 月(16.1℃)(图 6-1，表 6-1)，δD 和 $\delta^{18}O$ 的加权平均值分别为–31.07‰和–5.55‰，而最小值出现在温度相对较高的 9 月(19℃)，δD 和 $\delta^{18}O$ 加权平均值分别为–106.83‰和–14.64‰。对观测期间降水的 δD 和 $\delta^{18}O$ 与温度(T)进行线性回归，得出 δD 和 $\delta^{18}O$ 与温度的线性方程为

$$\delta D = -2.34T - 30.37 \ (P<0.001, \ R^2=0.176, \ n=99) \tag{6-4}$$

$$\delta^{18}O = -0.24T - 6.01 \ (P=0.001, \ R^2=0.112, \ n=99) \tag{6-5}$$

　　为进一步分析不同季节降水的 δD 和 $\delta^{18}O$ 与温度的相关关系，对不同季节降水中的 δD 和 $\delta^{18}O$ 与温度进行相关性分析[图 6-5(a)、图 6-5(c)、图 6-5(e)]，结果表明，2019

年 3 月～2020 年 2 月全年尺度上降水中的 δD 和 δ^{18}O 与温度呈现出极为显著的负相关关系，即反温度效应显著；而无论是旱季还是雨季，季节尺度上的相关关系不显著。

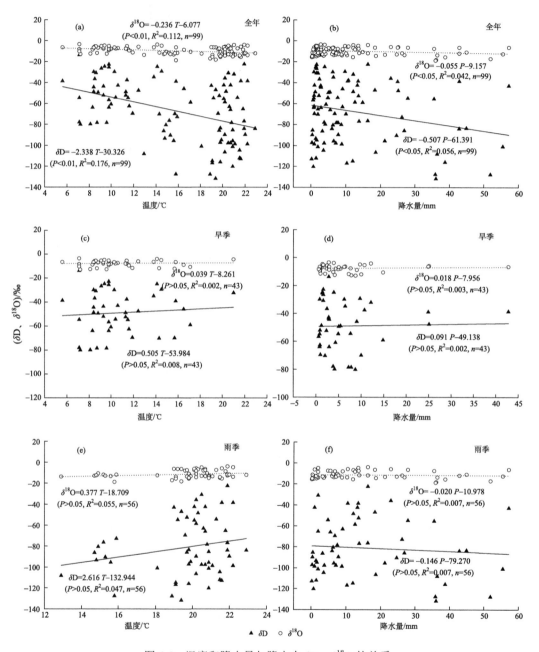

图 6-5　温度和降水量与降水中 δD、δ^{18}O 的关系

6.4.2　降水中 δD 和 δ^{18}O 与降水量的关系

依据 2019 年 3 月～2020 年 2 月降水中 δD 和 δ^{18}O 与日降水量(P)数据，分析得到两

者的回归方程分别为

$$\delta D = -0.51P - 61.39 \quad (P=0.018, \ R^2=0.056, \quad n=99) \tag{6-6}$$

$$\delta^{18}O = -0.06P - 9.16 \quad (P=0.042, \ R^2=0.042, \quad n=99) \tag{6-7}$$

即该地区 2019 年 3 月～2020 年 2 月降水的 δD 和 $\delta^{18}O$ 值随着降水量的增多而贫化，表现出极显著的雨量效应。为了进一步了解降水量与不同季节降水 δD、$\delta^{18}O$ 的相互关系，对不同季节的降水 δD、$\delta^{18}O$ 与降水量进行相关关系分析，结果如图 6-5 (b)、图 6-5 (d) 和图 6-5 (f) 所示，在季节尺度下不存在降水量效应。

研究结果发现降水中的 δD 和 $\delta^{18}O$ 与降水量和气温均呈现极显著的负相关关系，这说明研究区观测期间降水的 δD 和 $\delta^{18}O$ 的雨量效应极显著，但却表现出较为明显的反温度效应。一般来讲，降水 δD 和 $\delta^{18}O$ 的温度效应在中高纬度地区较为明显，而低纬度以及部分中纬度地区，因为受季风气候的影响，降水 δD 和 $\delta^{18}O$ 的温度效应很有可能被雨量效应掩盖和抑制。研究区年平均温度的变化小，雨季空气湿度大，降雨量充足且连续，且研究区处在亚热带季风气候区，在高温高湿的气候条件的影响下，降水形成过程中的云下二次蒸发作用较强而使得降水 δD 和 $\delta^{18}O$ 的富集作用相对较小，从而导致降水 δD 和 $\delta^{18}O$ 的雨量效应把温度效应掩盖了。然而，同处于西南地区的蒙自、昆明、腾冲三个地区大气降水中氢氧同位素既具有显著的雨量效应，也具有明显的温度效应。但研究区降水同位素的温度效应不明显的情况与丽江、上海和香港的研究结果比较一致。

6.5　降水水汽来源分析

大气降水的 δD 和 $\delta^{18}O$ 不仅受大气水汽的来源及输送过程的影响，还与气温、空气湿度和降水量等局地气候条件密切相关。为探讨研究区降水的水汽来源，利用 HYSPLIT 模型对区域内 2019 年 3 月～2020 年 2 月的所有降水 (共 166d) 气团进行后推气流模拟，得出大气运动的后向轨迹图。

观测期间，哈尼梯田水源区的水汽来源包括东南季风以及西南季风携带的海洋性水汽、局地蒸发水汽和西风带输送的水汽，其中东南季风和西南季风输送的海洋性水汽所占比例最高。根据 HYSPLIT 模拟的轨迹来估算不同来源的水汽对哈尼梯田水源区大气降水的贡献比例，统计得到以下结果 (表 6-2)：首先，来自印度洋和孟加拉湾的西南季风输送的水汽形成的降水最多，约占整个观测期的 47% (604.7mm)；其次为来自南海以

表 6-2　不同来源的水汽形成的降水量及其所占比例

水汽来源	降水事件/次	降水量/mm	占总降水量的百分数/%
西南季风	78	604.7	47
东南季风	41	321.6	25
局地蒸发	33	257.3	20
西风输送	14	102.9	8
总计	166	1286.5	100

及西太平洋地区的东南季风输送水汽，约占整个观测期的 25%(321.6mm)；然后是局地蒸发水汽，约占整个观测期的 20%(257.3mm)；最后为西风输送水汽，约占整个观测期的 8%(102.9mm)。

在季节尺度上，研究区旱季和雨季的降水水汽来源存在明显的差异：雨季主导水汽多来自西太平洋、印度洋、孟加拉湾以及南海地区；而在旱季，来自西太平洋、印度洋、孟加拉湾以及南海地区的水汽大幅减少，相应地，来自大陆西风带以及局地水汽蒸发的水汽团增多。结合观测期内降水中的氢氧同位素特征可以推断：在旱季，由于西风带输送的和局地蒸发的水汽不断增加，并且在传输过程中西风带输送的水汽所引发的降水相对较小，同位素的冲刷作用不严重；另外，由于西风带所携带的水汽主要是由临近水域及内陆湖泊的蒸发作用而形成的水汽组成的，因此致使旱季降水中的 δD 和 $\delta^{18}O$ 相对富集，旱季降水期间研究区降水中 $\delta^{18}O$ 和 d-excess 的平均值分别为–7.66‰和 13.65‰，其中 3 月的 $\delta^{18}O$ 达到月平均最高值(–5.55‰)。在雨季，研究区由于受到热带气旋的影响，来自阿拉伯海、孟加拉湾以及西太平洋的海洋性水汽带了大量的降水，但是由于这些水汽输送路径较长，水汽中的 δD 和 $\delta^{18}O$ 受到严重的冲刷，从而致使雨季降水中的 δD 和 $\delta^{18}O$ 相对贫化，雨季降水中 $\delta^{18}O$ 和 d-excess 的平均值分别为–11.60‰和 9.05‰，明显低于旱季降水中 $\delta^{18}O$ 和 d-excess 平均含量，$\delta^{18}O$ 的月均最低值(–14.64‰)也出现在雨季(9月)，这也进一步表明了降水中 δD 和 $\delta^{18}O$ 的变化能明显地指示出水汽的来源。从以上的分析可以看出，HYSPLIT 模拟的结果与降水中 δD、$\delta^{18}O$ 和 d-excess 值的分析结果较一致。

6.6 小 结

(1)哈尼梯田水源区降水 δD 和 $\delta^{18}O$ 的变化范围为：–131.87‰～–13.75‰，–18.93‰～–3.56‰，加权平均值分别为–75.18‰和–10.67‰，在全球 δD、$\delta^{18}O$ 的变化范围内，说明整体上研究区与全球范围内的大气环流模式相符合。哈尼梯田水源区降水 δD 和 $\delta^{18}O$ 呈现出明显的季节变化，即旱季同位素富集，雨季同位素贫化，加权平均值分别为–47.66‰(–7.66‰)和–83.74‰(–11.60‰)。这与研究区受亚热带山地季风气候的影响有关，还与研究区旱季多云雾的特殊气象条件关系密切。

(2)哈尼梯田水源区大气降水 δD 和 $\delta^{18}O$ 的关系式为：$\delta D=7.67\ \delta^{18}O+7.87$($P<0.001$，$R^2=0.937$，$n=99$)，旱雨季大气降水线差异较大，大气降水 δD 和 $\delta^{18}O$ 的关系式分别为，旱季：$\delta D=6.69\ \delta^{18}O+3.93$($P<0.001$，$R^2=0.884$，$n=43$)，雨季：$\delta D=7.28\ \delta^{18}O+0.71$($P<0.001$，$R^2=0.948$，$n=56$)，且与 GMWL 和 CMWL 相比，其截距和斜率均偏小；大气降水中 d-excess 值的波动范围较大(–6.65‰～26.62‰)，表现为旱季偏高，雨季低的变化趋势。表明研究区降水水汽源地的 δD、$\delta^{18}O$ 不同，且降水形成的过程较为复杂，受多种因素的综合影响。

(3)哈尼梯田水源区大气降水 δD 和 $\delta^{18}O$ 与温度及降水量均呈现出极显著的负相关关系，雨量效应显著，雨量效应掩盖了温度对降水 δD 和 $\delta^{18}O$ 的影响。

(4)哈尼梯田水源区大气降水水汽主要来源于东南季风携带的西太平洋和印度洋水汽、西南季风输送的孟加拉湾和南海水汽、西风带输送的地中海附近的水汽、局地的蒸发水汽。其中雨季的水汽团主要来自西太平洋、印度洋、孟加拉湾以及南海地区；而在旱季，来自西太平洋、印度洋、孟加拉湾以及南海地区的水汽团减少，同时，来自大陆西风带以及局地水汽蒸发的水汽团增多。

受当季区域环境的影响，降水 δD、$\delta^{18}O$ 值及 d-excess 存在明显的季节性差异；水汽来源对降水的影响较大，且季节效应较为显著。因此，区域降水季节变化规律的确定是区域同位素水文过程研究的必要先决条件。

第 7 章　哈尼梯田生态系统不同类型地表水同位素特征

7.1　引　　言

地表水作为流域水循环中不同水体之间相互连接的纽带，其通过蒸发和补给排泄与土壤水、地下水及大气降水发生转化。地表水受地形地貌、降水强度、植被类型、土壤理化性质以及管理方式等的综合影响，能反映出流域内的森林植被、土壤、气候条件以及其他一些水文特征(柳思勉等，2015；李博等，2016)。

在哈尼梯田"四素同构"(森林—村寨—梯田—河流)的生态系统中，水是维持系统稳定的关键，系统内的物质流动以水(及其所携带的土、肥和微生物)的流动为主。而在该生态系统内，地表水有多种形式：有贯穿森林和稻田湿地的溪水，还有从上到下的河流分支、水塘等搬运类型水体或地表储水经不同程度混合后的混合性水体(如森林中的水塘水、梯田水以及梯田区的沟渠水)。这些地表水由于所处的子生态系统不同，具有不同的分布特征以及不同的生态功能。因此，了解该区不同类型地表水的氢氧同位素特征及水分来源，有利于进一步探析区域的水循环过程，了解该区水资源分布状况和局地水循环，为哈尼梯田区的可持续发展提供科学依据和参考。

本章以哈尼梯田水源区(全福庄小流域)为研究区域，通过分析区域内大气降水、地表水和浅层地下水(泉水)的氢氧同位素时空分布特征及它们之间的主要补给关系，探讨哈尼梯田区稻田湿地的水分来源以及不同类型地表水参与区域水循环的过程或程度，从而更好地理解地表水作为特殊关键的水体在区域水循环中的重要作用。

7.2　地表水氢氧同位素特征

7.2.1　地表水 δD 和 δ^{18}O 的变化特征

2019 年 3 月～2020 年 3 月哈尼梯田水源区地表水 δD 值的变化范围为–92.68‰～25.99‰，其平均值为–54.44‰，标准差为 17.61‰；δ^{18}O 值的变化范围为–13.09‰～8.33‰，其平均值为–7.69‰，标准差为 3.10‰(表 7-1)。与同期大气降水 δ 值相比，地表水的 δD、δ^{18}O 变化范围偏大，平均值较降水平均值–75.18‰和–10.67‰偏正。地表水中 lc-excess(δD 与 LMWL 的差值)的变化范围为–45.73‰～11.49‰，年均值为–3.33‰，标准差为 7.10‰，说明地表水稳定同位素均经历了不同程度的蒸发富集。

哈尼梯田水源区地表水 δD(δ^{18}O)值呈现出较为明显的季节变化(图 7-1)：在旱季，地表水中 δD(δ^{18}O)的平均值为–49.94‰(–7.03‰)，均值偏大；在雨季，地表水中 δD(δ^{18}O)的平均值为–58.77‰(–8.33‰)，均值偏小(表 7-2)。

表 7-1　不同类型地表水的稳定同位素统计 （单位：‰）

类型	δD			$\delta^{18}O$			lc-excess		
	最小值	最大值	平均值	最小值	最大值	平均值	最小值	最大值	平均值
地表水	−92.68	25.99	−54.44	−13.09	8.33	−7.69	−45.73	11.49	−3.33
森林地表水	−92.68	−11.13	−59.65	−13.09	−0.37	−8.61	−30.77	11.49	−1.48
溪水	−74.56	−32.83	−64.51	−11.24	−5.09	−9.49	−6.12	3.77	0.36
梯田渠水	−69.38	−4.53	−58.33	−10.34	−0.64	−8.42	−19.01	3.66	−1.66
梯田水	−73.26	25.99	−39.10	−10.45	8.33	−4.94	−45.73	2.43	−9.12

表 7-2　旱雨季不同类型地表水的稳定同位素统计 （单位：‰）

类型	旱季			雨季		
	δD	$\delta^{18}O$	lc-excess	δD	$\delta^{18}O$	lc-excess
地表水	−49.94±20.06	−7.03±3.48	−3.93±7.65	−58.77±13.58	−8.33±2.53	−2.75±6.49
森林地表水	−55.51±16.49	−8.13±2.36	−1.09±4.91	−62.71±9.50	−8.98±1.70	−1.77±5.39
溪水	−63.24±6.63	−9.30±1.00	0.22±2.00	−65.80±3.40	−9.68±0.65	0.51±2.23
梯田渠水	−55.66±12.99	−8.05±2.19	−1.81±4.37	−61.33±6.10	−8.83±1.10	−1.49±2.77
梯田水	−29.69±20.24	−3.44±3.72	−11.22±9.3	−48.05±18.67	−6.36±3.52	−7.13±9.04

　　根据地表水 δD 和 $\delta^{18}O$ 实测值，利用最小二乘法拟合得出哈尼梯田水源区地表水 δD 和 $\delta^{18}O$ 的关系式为

$$\delta D = 5.60\delta^{18}O - 11.40 \ (P<0.001,\ R^2=0.970,\ n=404) \tag{7-1}$$

　　由图 7-1 可知，地表水氢氧同位素的组成虽分布在不同的取值区域，但均落在降水线的附近，表明大气降水是地表水的主要补给来源。与 LMWL（$\delta D=7.67\ \delta^{18}O+7.87$）相比，地表水线的斜率和截距均偏小，由此表明研究区地表水所受的蒸发作用较为明显。

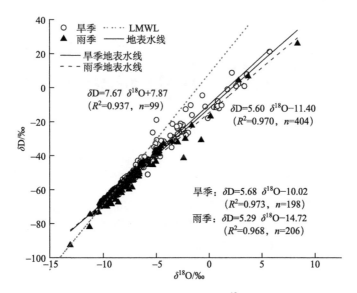

图 7-1　研究区地表水 δD 与 $\delta^{18}O$ 的关系

　　为了进一步了解不同季节的气候条件对地表水同位素的影响，利用最小二乘法对研究区旱季和雨季地表水中的氢氧同位素进行拟合(图 7-1)：

旱季：　　　　　$\delta D = 5.68\delta^{18}O - 10.02$　$(P<0.001，R^2=0.973，n=198)$　　　　(7-2)

雨季：　　　　　$\delta D = 5.29\delta^{18}O - 14.72$　$(P<0.001，R^2=0.968，n=206)$　　　　(7-3)

　　从上面两式可看出，旱季地表水线的斜率和截距均大于雨季，但与 LMWL($\delta D=7.67$ $\delta^{18}O+7.87$)相比，其斜率和截距均偏小。

7.2.2　地表水 δD 和 $\delta^{18}O$ 的高度变化特征

　　哈尼梯田水源区地表水样品的海拔取值范围为 1715.1～2033.2m，海拔高差 318.1m。根据地表水 δD 和 $\delta^{18}O$ 实测值，利用最小二乘法拟合得出哈尼梯田全福庄小流域地表水 δD 和 $\delta^{18}O$ 与海拔的关系式分别为

$$\delta D = 0.065h + 66.63　(P<0.001，R^2=0.116，n=404)　　　(7-4)$$

$$\delta^{18}O = 0.012h + 14.23　(P<0.001，R^2=0.123，n=404)　　　(7-5)$$

式中，h 表示海拔(m)。

　　哈尼梯田水源区地表水的 δD 和 $\delta^{18}O$ 与海拔呈现出显著的负相关关系，但相关关系较为微弱，表明小流域地表水 δD 和 $\delta^{18}O$ 存在一定的海拔效应。从图 7-2 中可以看出，在不同的海拔梯度上，地表水 δD 和 $\delta^{18}O$ 表现出明显的分布差异，图中存在 4 个相对明显的分布区，这在一定程度上可以说明，全福庄小流域地表水的 δD 和 $\delta^{18}O$ 不仅在垂直(海拔)方向上存在差异，在水平方向(横向)上也存在较为明显的差异，而这种差异可能是由地形地貌、水分补给水源以及蒸发强度等的差异所导致的。

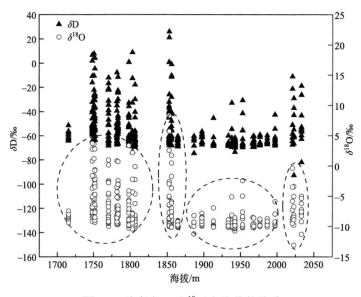

图 7-2　地表水 $\delta D(\delta^{18}O)$ 与海拔的关系

7.3　森林地表水 δD 和 $\delta^{18}O$ 变化特征

2019 年 3 月～2020 年 1 月哈尼梯田水源区森林地表水 δD 值的变化范围为–92.68‰～–11.13‰，其平均值为–59.65‰，标准差为 13.33‰；$\delta^{18}O$ 值的变化范围为–13.09‰～–0.37‰，其平均值为–8.61‰，标准差为 2.04‰（表 7-1）。与同时期的大气降水相比，森林地表水 δD、$\delta^{18}O$ 的变化范围偏小，但平均值比大气降水的平均值（–75.18‰和–10.67‰）更为偏正。森林地表水中 lc-excess 的变化范围为–30.77‰～11.49‰，年均值为–1.48‰，标准差为 5.17‰，说明森林地表水的 δD、$\delta^{18}O$ 均经历了一定程度的蒸发富集。哈尼梯田水源区森林地表水 δD 和 $\delta^{18}O$ 间呈现出显著的线性关系（图 7-3），其关系式为

$$\delta D = 6.21\delta^{18}O - 6.17 \quad (P<0.001,\ R^2=0.899,\ n=80) \tag{7-6}$$

与研究区的大气降水线 $\delta D=7.67\delta^{18}O+7.87$ 相比，斜率和截距均偏小。

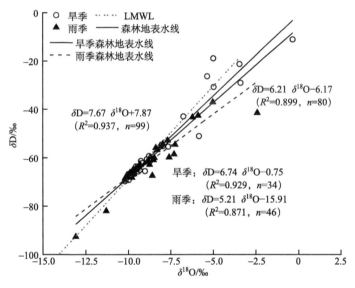

图 7-3　森林地表水 δD 与 $\delta^{18}O$ 的关系

哈尼梯田水源区森林地表水 $\delta D(\delta^{18}O)$ 值呈现出较为明显的季节变化（图 7-3）：在旱季，森林地表水中 $\delta D(\delta^{18}O)$ 的平均值为–55.51‰（–8.13‰），均值偏大；在雨季，森林地表水中 $\delta D(\delta^{18}O)$ 的平均值为–62.71‰（–8.98‰），均值偏小。利用最小二乘法对研究区旱季和雨季森林地表水中的氢氧同位素进行拟合（图 7-3），旱雨季森林地表水 δD 和 $\delta^{18}O$ 的关系式分别为

旱季：　　　$\delta D = 6.74\delta^{18}O - 0.75 \quad (P<0.001,\ R^2=0.929,\quad n=34) \tag{7-7}$

雨季：　　　$\delta D = 5.21\delta^{18}O - 15.91 \quad (P<0.001,\ R^2=0.871,\quad n=46) \tag{7-8}$

旱季森林地表水线的斜率和截距均大于雨季，但与 LMWL（$\delta D=7.67\delta^{18}O+7.87$）相比，其斜率和截距均偏小。

7.4　溪水 δD 和 $\delta^{18}O$ 变化特征

哈尼梯田水源区溪水 δD 值的变化范围为–74.56‰～–32.83‰，平均值为–64.51‰，标准差为 5.41‰；$\delta^{18}O$ 值的变化范围为–11.24‰～–5.09‰，平均值为–9.49‰，标准差为0.86‰（表 7-1）。与同时期的大气降水相比，溪水 δD、$\delta^{18}O$ 的变化范围偏小，但平均值比大气降水的平均值（–75.18‰和–10.67‰）更为偏正。溪水中 lc-excess 的变化范围为–6.12‰～3.77‰，年均值为 0.36‰，标准差为 2.11‰，说明研究区的溪水中 δD、$\delta^{18}O$ 可能受到除降水以外的其他水源的影响。

哈尼梯田水源区溪水 δD 和 $\delta^{18}O$ 间呈现出显著的线性关系（图 7-4），其关系式为

$$\delta D = 6.02\delta^{18}O - 7.35 \quad (P<0.001,\ R^2=0.915,\ n=99) \tag{7-9}$$

与研究区的大气降水线 $\delta D=7.67\delta^{18}O+7.87$ 相比，斜率和截距均偏小。

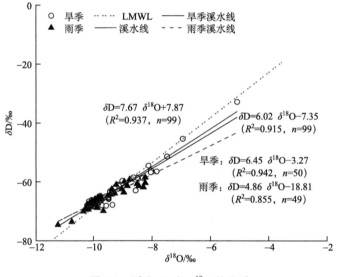

图 7-4　溪水 δD 与 $\delta^{18}O$ 的关系

哈尼梯田水源区溪水 $\delta D(\delta^{18}O)$ 值呈现出较为明显的季节变化（图 7-4 和表 7-2）：在旱季，溪水中 $\delta D(\delta^{18}O)$ 的平均值为–63.24‰（–9.30‰），均值偏大；在雨季，溪水中 $\delta D(\delta^{18}O)$ 的平均值为–65.80‰（–9.68‰），均值偏小。

利用最小二乘法对研究区旱季和雨季溪水中的氢氧同位素进行拟合（图 7-4），旱雨季溪水 δD 和 $\delta^{18}O$ 的关系式分别为

旱季：　　　　　$\delta D = 6.45\delta^{18}O - 3.27\ (P<0.001,\ R^2=0.942,\ n=50)$ 　　　(7-10)

雨季：　　　　　$\delta D = 4.86\delta^{18}O - 18.81\ (P<0.001,\ R^2=0.855,\ n=49)$ 　　　(7-11)

旱季溪水线的斜率和截距均大于雨季，但与 LMWL（$\delta D=7.67\delta^{18}O+7.87$）相比，其斜率和截距均偏小。

7.5 梯田渠水 δD 和 $\delta^{18}O$ 变化特征

哈尼梯田水源区梯田渠水 δD 值的变化范围为$-69.38‰$～$-4.53‰$,平均值为$-58.33‰$,标准差为 $10.67‰$;$\delta^{18}O$ 值的变化范围为$-10.34‰$～$-0.64‰$,平均值为$-8.42‰$,标准差为$1.80‰$(表 7-1)。与同时期的大气降水相比,梯田渠水 δD、$\delta^{18}O$ 的变化范围偏小,但平均值比降水的平均值($-75.18‰$和$-10.67‰$)更为偏正。梯田渠水中 lc-excess 的变化范围为$-19.01‰$～$3.66‰$,年均值为$-1.66‰$,标准差为 $3.69‰$,说明研究区的梯田渠水稳定同位素经历了不同程度的蒸发富集。

哈尼梯田水源区梯田渠水 δD 和 $\delta^{18}O$ 间呈现出显著的线性关系(图 7-5),其关系式为

$$\delta D = 5.86\delta^{18}O - 9.02 \quad (P<0.001,\ R^2=0.973,\ n=106) \tag{7-12}$$

与研究区的大气降水线相比,斜率和截距均偏小。

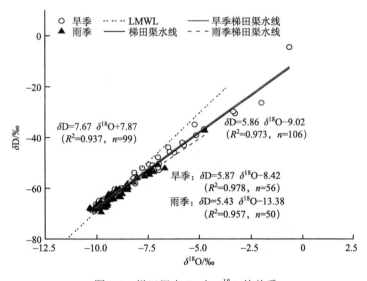

图 7-5 梯田渠水 δD 与 $\delta^{18}O$ 的关系

哈尼梯田水源区梯田渠水 $\delta D(\delta^{18}O)$ 值呈现出较为明显的季节变化(图 7-5 和表 7-2):在旱季,梯田渠水中 $\delta D(\delta^{18}O)$ 的平均值为$-55.66‰$($-8.05‰$),均值偏大;在雨季,梯田渠水中 $\delta D(\delta^{18}O)$ 的平均值为$-61.33‰$($-8.83‰$),均值偏小。利用最小二乘法对研究区旱季和雨季梯田渠水中的氢氧同位素进行拟合,如图 7-5 所示,旱雨季梯田渠水 δD 和 $\delta^{18}O$ 的关系式分别为

旱季: $$\delta D = 5.87\delta^{18}O - 8.42 \quad (P<0.001,\ R^2=0.978,\ n=56) \tag{7-13}$$

雨季: $$\delta D = 5.43\delta^{18}O - 13.38 \quad (P<0.001,\ R^2=0.957,\ n=50) \tag{7-14}$$

旱季梯田渠水线的斜率和截距均大于雨季,但与 LMWL($\delta D=7.67\delta^{18}O+7.87$)相比,其斜率和截距均偏小。

7.6　梯田水 δD 和 δ^{18}O 变化特征

哈尼梯田水源区梯田水 δD 值的变化范围为–73.26‰～25.99‰，其平均值为–39.10‰，标准差为 21.45‰；δ^{18}O 值的变化范围为–10.45‰～8.33‰，其平均值为–4.94‰，标准差为 3.89‰(表 7-1)。与同时期的大气降水相比，梯田水 δD、δ^{18}O 的变化范围偏小，但平均值比降水的平均值(–75.18‰和–10.67‰)更为偏正。梯田水中 lc-excess 的变化范围为–45.73‰～2.43‰，年均值为–9.12‰，标准差为 9.40‰，说明研究区梯田水稳定同位素所经历的蒸发富集作用较强。

哈尼梯田水源区梯田水 δD 和 δ^{18}O 间呈现出显著的线性关系(图 7-6)，其关系式为

$$\delta\text{D} = 5.43\delta^{18}\text{O} - 12.28 \ (P<0.001, \ R^2=0.972, \ n=119) \tag{7-15}$$

与研究区的大气降水线相比，斜率和截距均偏小。

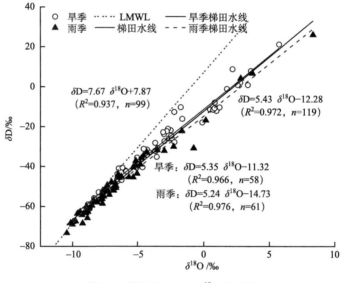

图 7-6　梯田水 δD 与 δ^{18}O 的关系

哈尼梯田水源区梯田水 δD(δ^{18}O) 值呈现出较为明显的季节变化(图 7-6 和表 7-2)：在旱季，梯田水中 δD(δ^{18}O) 的平均值为–29.69‰(–3.44‰)，均值偏大；在雨季，梯田水中 δD(δ^{18}O) 的平均值为–48.05‰(–6.36‰)，均值偏小。

利用最小二乘法对研究区旱季和雨季梯田水中的氢氧同位素进行拟合(图 7-6)，旱雨季梯田水 δD 和 δ^{18}O 的关系式分别为

旱季：　　　　$\delta\text{D} = 5.35\delta^{18}\text{O} - 11.32 \ (P<0.001, \ R^2=0.966, \ n=58)$ 　　(7-16)

雨季：　　　　$\delta\text{D} = 5.24\delta^{18}\text{O} - 14.73 \ (P<0.001, \ R^2=0.976, \ n=61)$ 　　(7-17)

旱季梯田水线的斜率和截距均大于雨季，但与 LMWL(δD=7.67 δ^{18}O+7.87)相比，其斜率和截距均偏小。

7.7 不同类型地表水 δD 和 $\delta^{18}O$ 的差异及其补给来源

7.7.1 不同类型地表水 δD 和 $\delta^{18}O$ 的差异

哈尼梯田区地表水类型多样，而且交错分布于整个区域，同时在空间以及时间上存在紧密的联系。因此，不同类型地表水之间的循环及其转化关系较为复杂。将研究期内哈尼梯田水源区不同类型地表水 δD 的月平均值进行对比分析(图 7-7)，在四种类型的地表水中，溪水的变化最小(趋于直线)，而梯田水的变化明显比其他类型地表水大。这可能是因为溪水是不同水体经过不断混合而形成的混合水。从变化趋势上看，梯田水与降水的变化趋势比较接近，这在一定程度上也表明了梯田水受降水的影响最大(即梯田水对降水的响应最快)。

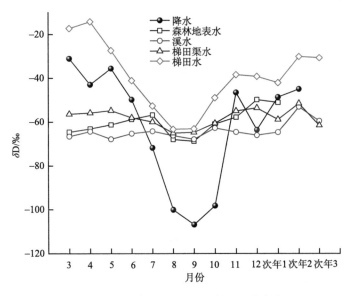

图 7-7 不同类型地表水 δD 的月平均变化

图 7-8 汇总了四种不同类型地表水 δD 的变化范围及其平均值。从图 7-8 中可以看出，四种类型地表水的 δD 值差异显著，δD 的变化幅度由小到大依次为溪水、梯田渠水、森林地表水、梯田水；δD 的平均值由小到大依次为溪水、森林地表水、梯田渠水、梯田水，水体的 δD 平均值越大，代表其所受的蒸发作用越强烈而且其重同位素越富集。且由 lc-excess 的变化范围和平均值(图 7-9)可知，四种不同类型地表水中，除溪水外，其余三种地表水的 lc-excess 均小于 0，平均值由大到小依次为森林地表水、梯田渠水、梯田水，其中梯田水的 lc-excess 显著低于森林地表水和梯田渠水。因此，可以推断梯田水所受的蒸发作用最强烈，其原因可能是大面积梯田水与空气接触，导致梯田水中的轻同位素蒸发而只剩下重同位素。

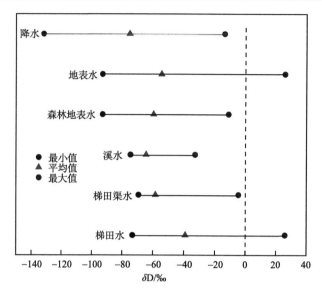

图 7-8　不同类型地表水 δD 的平均值和变化范围

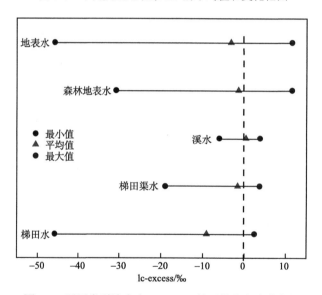

图 7-9　不同类型地表水 lc-excess 的平均值和变化范围

7.7.2　不同类型地表水的补给来源

为进一步了解研究区不同类型地表水之间的水力联系及其补给来源，将不同水体的 $\delta^{18}O$ 和 δD 关系进行相互比较（表 7-3）。由表可知，所有的水体中，降水的斜率和截距最大，所以能把降水当作是其他水体的原始补充源；斜率和截距均为最小的是浅层地下水，表明在流域水循环过程中，地下水的更新最缓慢，且由降水转化为地下水的过程中，地下水经历了程度最剧烈的蒸发作用。四种不同类型地表水中，森林地表水与溪水的回归方程最为接近，说明二者的补给关系最为紧密和频繁。梯田渠水和梯田水的回归方程也相对接近,说明二者之间也存在紧密和频繁的补给关系。与其他三种类型的地表水相比,梯田水的回归方程严重偏离了其他三种类型地表水的回归方程,这在一定程度上说明梯田水的 $\delta^{18}O$ 和 δD 受多重因素的影响且存在较为复杂的补给来源。4 种不同类型地表水线的斜率和截距的差异都比较显著,表明研究区内 4 种不同类型地表水在流域水循环过程中的作用及其补给来源均存在一定的差异。

表 7-3　不同水体中 δD 和 $\delta^{18}O$ 关系

不同水体	氢氧同位素关系	R	P	样品数/个
降水	$\delta D=7.67\delta^{18}O+7.87$	0.937	<0.001	99
地下水	$\delta D=4.54\delta^{18}O-20.99$	0.930	<0.001	13
土壤水	$\delta D=7.20\delta^{18}O+0.91$	0.954	<0.001	216
森林地表水	$\delta D=6.21\delta^{18}O-6.17$	0.899	<0.001	80
溪水	$\delta D=6.02\delta^{18}O-7.35$	0.915	<0.001	99
梯田渠水	$\delta D=5.86\delta^{18}O-9.02$	0.973	<0.001	106
梯田水	$\delta D=5.43\delta^{18}O-12.28$	0.972	<0.001	119

图 7-10 为研究期四种不同类型地表水 $\delta^{18}O$、δD 的分布情况。由图 7-10 可知,四种不同类型地表水的 $\delta^{18}O$ 和 δD 都偏离了 LMWL,并且均处于 LMWL 的右下方,进一步表明了降水作为它们主要的补给来源在补给前经历了不同程度的蒸发分馏。其中森林地表水和溪水的 $\delta^{18}O$ 和 δD 轨迹几乎重叠在一起,表明了二者之间存在相互转化,另外,梯田渠水和梯田水之间也存在着紧密的相互转化关系。四种不同类型的地表水中,梯田水的 $\delta^{18}O$、δD 严重偏离了 LMWL,进一步表明其存在更为复杂的补给来源。

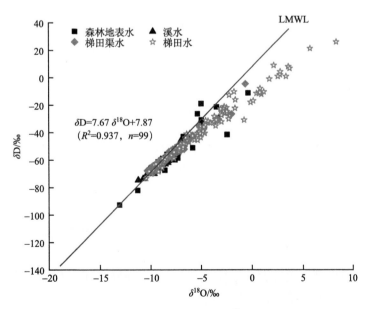

图 7-10　不同类型地表水 δD 和 $\delta^{18}O$ 的散点分布

由于研究区不同水体间的转化关系错综复杂，且四种不同类型地表水所属的生态系统不同，因此，不同类型地表水的补给方式不同，主要的补给方式有：大气降水通过坡面流的方式补给林地地表水、溪水、梯田渠水和梯田水，通过下渗的形式补给土壤水和浅层地下水(泉水)；森林地表水和溪水、溪水和梯田渠水、溪水和梯田水、梯田渠水和梯田水之间相互补给。利用 Iso Source 模型来计算研究区 4 种不同类型地表水的水源贡献率，结果见表 7-4。由于森林地表水位于哈尼梯田全福庄小流域上方的水源林内，其补给来源不包括小流域下方梯田区的梯田渠水和梯田水，且森林地表水同位素的年平均值比其水源同位素年平均值大，无法计算水分利用比例。梯田水由于其同位素值较其他各水源同位素值富集，所以利用 Iso Source 模型无法计算各水源对其的贡献率。

表 7-4　不同类型地表水对各水源的利用　(单位：%)

地表水类型	季节	降水	浅层地下水	土壤水	森林地表水	溪水	梯田渠水	梯田水
森林地表水	旱季	48.4	20.1	16.3		15.2		
	雨季	2.7	70.6	5.7		21.0		
溪水	全年	23.5	16.3	23.9	15.3		14.3	6.7
	旱季	1.1	8.5	82.6	3.4		4.0	0.4
	雨季	15.2	17.4	18.0	18.8		18.1	12.5
梯田渠水	全年	10.4	18.1	12.1	19.1	15.2		25.1
	旱季	16.8	18.4	17.2	20.2	17.7		9.7
	雨季	7.3	22.7	9.1	18.7	15.0		27.2

由表 7-4 可知，森林地表水在旱季主要来源于降雨，而在雨季则主要来源于浅层地下水和溪水。在年尺度上，溪水主要来源于降雨和土壤水，梯田水对溪水的贡献最小；在旱季，土壤水是溪水最大的贡献者，而在雨季，除梯田水的贡献率相对低外，其余各水源对溪水的贡献率相对平均，均为 15%～19%。梯田渠水在年尺度上主要来源于梯田水；在雨季，除梯田水对梯田渠水的贡献率最大外，浅层地下水也是它的主要来源；而在旱季，梯田水的贡献率降低，为所有水源中最低的，其余各水源的贡献率相对平均，均为 16%～20.2%。

总的来说，哈尼梯田水源区 4 种类型地表水在区域水循环过程中的作用及其补给来源均存在明显的差异，但均以降水为最初始的补给来源。其中梯田水偏离大气降水线最远，其补给来源更为复杂。

7.8　与类似区域地表水同位素的比较

气象水文以及地理地质等存在差异，导致地表水 $\delta D(\delta^{18}O)$ 的时空分布特征及其变化规律也存在明显的差异。哈尼梯田水源区地表水 $\delta^{18}O$ 和 δD 的变化范围比当地降水大，但高德强(2017)、Meng 和 Liu(2016)的研究则指出，地表水(溪水)$\delta^{18}O$ 和 δD 的变化范围比当地降水小。可能的原因是研究区的地表水类型较多，而其中的梯田水所经受的蒸发分馏作用较强且补给来源较为复杂，从而导致研究区地表水 $\delta D (\delta^{18}O)$ 的变化范围增大。研究区地表水的 δD 和 $\delta^{18}O$ 与海拔呈现出显著的负相关关系，但相关关系较为微弱，表明小流域地表水的 δD 和 $\delta^{18}O$ 存在一定的海拔效应。有研究指出，在海拔高差相对较小的地区，影响地表水 δD 和 $\delta^{18}O$ 的主要因素可能是水来源的组成差异及流域内的地表蒸发情况。研究区地表水采样的高差虽然不大，仅 318.1m，但地表水 δD 和 $\delta^{18}O$ 却存在一定的海拔效应，可能是由于研究区的地表水有多种类型，且所属的生态系统不同，从而导致其在不同海拔上地表蒸发条件和水来源组分差异较明显，因此存在一定的海拔效应。

哈尼梯田水源区四种类型地表水中，溪水 δD 的变化最小(趋近于直线)，而梯田水的变化明显比其他类型地表水大。姚天次等(2016)在湘江流域和田立德等(2002)在青藏高原那曲河流域也有类似发现，他们指出其原因可能是降水在补给河水(溪水)的过程中存在一定程度的蒸发分馏，并与前期的河水及其他来源的水发生混合，这种混合作用以及蒸发分馏的综合影响大大地降低了河水中 δD、$\delta^{18}O$ 的变化幅度。梯田水的 δD 和 $\delta^{18}O$ 与降水的走势特别接近，但其平均值(−39.10‰和−4.94‰)较降水平均值(−75.18‰和−10.67‰)偏正，且其 lc-excess 的年均值最高(−9.12‰)，说明研究区梯田水受降水的影响最大，且其稳定同位素所经历的蒸发富集作用也最强。这与张贵玲(2016)、刘澄静等(2018)的研究结果一致，即梯田的水深较浅且水面较宽，导致梯田水大面积暴露在空气中而使蒸发作用较强烈，再加上田水的流动性很小导致其水体更新速度相对较慢，并且在人类长期劳作等多种因素的综合影响下，梯田水的重同位素不断发生富集，因此，梯田水的 δD、$\delta^{18}O$ 值较其他水体偏大，甚至还有正值。

哈尼梯田水源区四种类型地表水线的斜率和截距均表现为旱季大于雨季，即地表水线的斜率和截距具有一致性，姚天次等(2016)在湘江流域也有类似发现，其研究指出：在季节尺度下，同一水体水线的斜率与截距存在正比关系，即斜率越大，截距也越大。水线的斜率反映了水相变过程中 D 和 ^{18}O 分馏速率的对比关系，是 D 和 ^{18}O 分馏效应之比，其大小可反映蒸发作用的强弱。研究区四种类型地表水线的斜率不同但均小于降水线，说明研究区不同类型地表水均以降水为初始补给来源，但其所经受的蒸发分馏作用不同，从而体现了不同类型地表水在时空上的补给来源和水循环过程存在差异。葛梦玉(2018)在邹城市东滩矿区的研究也证明了不同类型的地表水，其在时空上的补给来源及其在水循环过程中的作用存在明显差异，其研究指出，塌陷坑积水主要受降水补给，地表水与地下水很可能通过裂隙相互补给。徐飘(2020)对澜沧江流域水体来源差异的研究表明，不同时期澜沧江流域不同河段水体的补给来源存在差异。Cejudo(2020)在墨西哥的研究表明，墨西哥大部分地区的地表水主要来自降水和地下水，但尤卡坦半岛地区的地表水严重依赖地下水。

降水作为流域水循环过程中各水体的主要来源，水汽来源及输送路径、气候变化及下垫面情况存在差异，使不同的 $\delta D (\delta^{18}O)$ 对蒸发分馏作用的影响不同，而表现出不同的 $\delta D (\delta^{18}O)$ 特征，造成参与水循环过程的其他水体的 $\delta D (\delta^{18}O)$ 存在差异。哈尼梯田水源区四种类型地表水的补给来源及其在水循环过程中的作用存在差异，可能与不同类型地表水所处的生态系统不同有关，在森林生态系统和梯田湿地生态系统中，其环境因素及下垫面情况存在差异，从而导致处于森林生态系统的森林地表水与梯田湿地生态系统中的梯田渠水和梯田水的 $\delta D(\delta^{18}O)$ 明显不同。赵宾华(2018)和张荷惠子等(2019)的研究表明，生态建设措施的实施改变了区域气候条件及下垫面情况，导致其对流域生态水文循环过程产生了显著的影响。

7.9 小　　结

(1)哈尼梯田水源区地表水的蒸发线方程为：$\delta D=5.60\,\delta^{18}O-11.40$($P<0.001$，$R^2=0.970$，$n=404$)，地表水的 $\delta D(\delta^{18}O)$ 存在一定的海拔效应且受立地(景观)类型的影响。不同类型地表水的 $\delta D(\delta^{18}O)$ 存在明显的差异，但均表现为旱季大于雨季。

(2)作为承载地表物质流动的主要水体，溪水 $\delta D(\delta^{18}O)$ 值的变化受多种因素的综合影响。梯田水受降水的影响最大，且其 $\delta D(\delta^{18}O)$ 所经历的蒸发富集作用最强。

(3)降水是4种不同类型地表水的主要补给来源。4种不同类型地表水之间存在一定的水力联系，其中森林地表水与溪水、梯田渠水与梯田水之间存在较为紧密的互相补给关系；梯田水严重偏离了LMWL，存在更为复杂的补给来源。

第8章 哈尼梯田生态系统土壤水同位素特征

土壤水的运移和平衡在地表水、地下水、大气降水和土壤水之间的相互转化过程中起着非常重要的作用，它不仅是大气–陆地相互作用的一个关键的中间环节（高峰等，2007），同时也是水文循环不可或缺的主要环节。土壤水分在大气–植物–土壤3种界面转化的过程中受土壤入渗、土壤蒸发、植物蒸腾、外界温度等多种因素的影响而表现出时间以及空间上的差异性。

在土壤水运移过程中，同位素含量不同的降水经由地表入渗土壤后，与土壤原有水分混合稀释，土壤水中原来的同位素浓度会发生改变，土壤水在土层中的垂向迁移和水平运动过程亦会产生一定程度的蒸发分馏。同时，土壤水输入的季节变化、地表浅层土壤水的蒸发作用以及土壤与深层地下水之间的同位素组成使得土壤水会随着土壤深度的变化出现明显的同位素组成梯度（isotope composition gradients）（林光辉，2013）。因此，通过同位素示踪即可探寻不同森林植被类型、不同深度土壤的氢氧稳定同位素特征，揭示降雨入渗过程及水分蒸发过程对土壤水稳定同位素特征的影响；通过对比降雨和土壤中氢氧同位素的差异，即可知道土壤中各层次的水分与降雨补给的关系。同时也可以计算出降水从进入土壤开始，运移至某一特定土层所需要的平均时间。对于不同森林植被类型而言，通过研究土壤水平均滞留时间，可以揭示土壤水对森林植被类型改变的响应，同时还可以得出水源涵养效果较好的植被类型。

8.1 土壤水动态变化

8.1.1 土壤物理性质

研究区内乔木林地、灌木林地、荒草地土壤剖面的物理性质如表 8-1 所示。

表 8-1 样地土壤剖面物理性质

立地类型	土层深度/cm	土壤容重/(g/cm³)	非毛管孔隙度/%	毛管孔隙度/%	总孔隙度/%
乔木林地	0～20	0.62	48.53	27.84	76.37
	20～40	0.64	45.54	30.23	75.77
	40～60	0.90	25.45	36.19	61.64
	60～100	1.26	20.50	31.85	52.35
灌木林地	0～20	0.68	38.79	35.30	74.09
	20～40	0.75	33.52	37.99	71.51
	40～60	1.02	27.31	34.34	61.65
	60～100	1.20	18.67	36.12	54.79

续表

立地类型	土层深度/cm	土壤容重/(g/cm³)	非毛管孔隙度/%	毛管孔隙度/%	总孔隙度/%
荒草地	0～20	0.81	34.87	34.25	69.12
	20～40	0.82	35.06	33.90	68.96
	40～60	0.99	28.04	34.66	62.70
	60～100	1.20	23.79	31.69	54.48

随着土壤深度增加，土壤容重表现为明显增加趋势；非毛管孔隙度和总孔隙度均呈现减小趋势，毛管孔隙度无明显规律。乔木林地土壤容重由 0.62g/cm³ 增加到了 1.26g/cm³；非毛管孔隙度由 48.53% 减小到 20.50%，下降了 28.03%；总孔隙度由 76.37% 减小至 52.35%，下降了 24.02%。灌木林地土壤容重由 0.68g/cm³ 增加到了 1.20g/cm³；非毛管孔隙度由 38.79% 减小到 18.67%，下降了 20.12%；总孔隙度由 74.09% 减小至 54.79%，下降了 19.3%；荒草地土壤容重由浅层的 0.81g/cm³ 增加到了深层的 1.20g/cm³；非毛管孔隙度由 34.87% 减小到 23.79%，下降了 11.08%；总孔隙度由 69.12% 减小至 54.48%，下降了 14.64%。

非毛管孔隙度即非毛管孔隙与土壤体积的比值。由于空气经常存在于土壤中的大孔隙中，只有在重力水大量存在的情况下，大孔隙才能被水充满，所以大孔隙又被称为"土壤空气孔隙"或者"土壤通气孔隙"。土壤大孔隙没有持水能力，但具有透气和透水的能力。因此，乔木林地土壤的孔性特征更好，通气性能也比灌木地和荒草地强。

8.1.2 土壤水分垂直变化规律

用 2015 年 4～12 月的土壤含水率分析土壤水分的垂直变化规律。由图 8-1(a)可知，除 4 月外，乔木林地其他各月的含水量曲线相差不大，土壤含水率随深度的变化呈显著增大趋势，变化范围为 3.29%～33.38%，且在深层(80～100cm)土壤含水率逐渐趋于稳定。说明乔木林地的土壤保持水分效果较好。由于森林生长在山顶上，因此这种持水保水的特性为山下得到源源不断的水分创造了有利条件。

由图 8-1(b)可知，灌木林地含水率的变化趋势与乔木林地明显不同，但同样表现为浅层土壤含水率小于深层，变化范围为 4.19%～31.88%。灌木林地的最大含水率出现在 10～20cm，而非 80～100cm。出现这种现象的原因可能是灌木的根系浅且密集，根系向四周伸展得比较远，而 10～20cm 土层的土壤水主要与灌木植物根系的吸水作用有关，水分在该层被植物根系阻挡并聚集。

由图 8-1(c)可知，荒草地土壤含水率的变化表现为浅层含水率大于深层，并且以 40～60cm 为分界面，浅层的变化明显大于深层。同时，荒草地在 60～80cm 处出现了一个转折层，该层的土壤水分明显小于 0～60cm 以及 80～100cm，说明在土层 60～80cm 以上，土壤的渗透性好，水力传导性强；而在该层以下，土壤渗透性和水力传导性都减小。

3 种森林植被类型下，4 月的土壤含水率变化均与其他月份有明显差异，这是因为从上年(2014)11 月开始是研究区的旱季，降水少，对土壤水的补给减少，加之植物的吸收利用和蒸腾作用、土壤本身的蒸发作用等使得土壤水分的消耗大，直到第二年(2015 年)5

月开始，随着研究区新一轮雨季的到来，土壤含水率增加，所以 4 月土壤的含水率变化与 7~12 月差别较大。

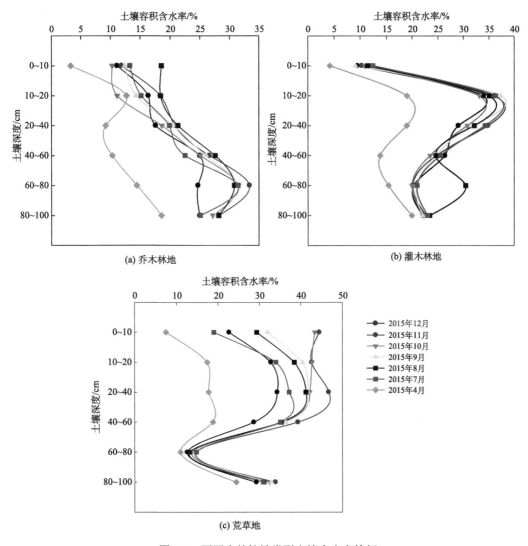

(a) 乔木林地

(b) 灌木林地

(c) 荒草地

图 8-1　不同森林植被类型土壤含水率特征

8.2　土壤水滞留时间

8.2.1　土壤水与降水同位素的时间变化

利用统计分析软件对降水和土壤水中的氢氧同位素值之间的变化进行方差分析可知，δD 和 $\delta^{18}O$ 之间的差异不显著，故仅用降水和土壤水中 $\delta^{18}O$ 的变化进行分析。

1. 乔木林地土壤水与降水同位素的时间变化特征

图 8-2 反映的是 2015 年 4～12 月乔木林地土壤水与降水 δ^{18}O 的时间变化关系。由图 8-2 可知，随着采样时间变化，降水的同位素值大致呈现一个先增加后减小的变化趋势，即在旱季(4 月、11 月和 12 月)δ^{18}O 值偏大而雨季(7～10 月)δ^{18}O 值偏小。各层次土壤水的同位素值也同样呈现与降水一致的变化关系，在一定程度上表明土壤水对降水有一定的响应，且浅层(0～10cm 和 10～20cm)的土壤水对降水的响应最为显著，而越往深层，响应程度越小。40～60cm、60～80cm 以及 80～100cm 土壤水同位素值差别不大，且变化趋势基本相同。

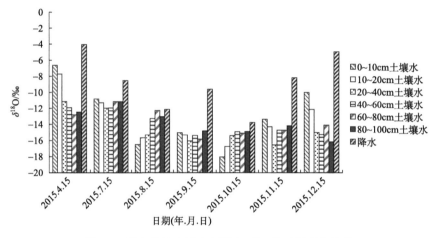

图 8-2　乔木林地土壤水与降水 δ^{18}O 的时间变化关系

2. 灌木林地土壤水与降水同位素的时间变化特征

图 8-3 反映的是灌木林地土壤水与降水 δ^{18}O 的时间变化关系。同乔木林地相比，随采样时间的变化，各层次土壤水的同位素值也呈现与降水相似的变化，即同位素值先减

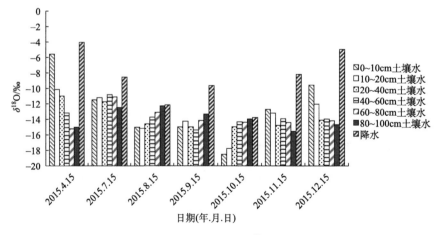

图 8-3　灌木林地土壤水与降水 δ^{18}O 的时间变化关系

小后增大，但土壤水对降水的响应程度并没有乔木林地明显，甚至深层(80～100cm)土壤水反而与降水的同位素值变化相反，如4～8月降水$\delta^{18}O$平均值逐渐减小，分别为 −4.05‰、−8.54‰和−12.14‰，而80～100cm土层中土壤水的$\delta^{18}O$平均值却逐渐增大，这一现象反映出灌木林地深层受降水的影响很小，可能受到其他水源的补给，因此同位素值表现出与降水同位素值差别很大的情况。

3. 荒草地土壤水与降水同位素的时间变化特征

图8-4反映的是荒草地土壤水与降水$\delta^{18}O$的时间变化关系。

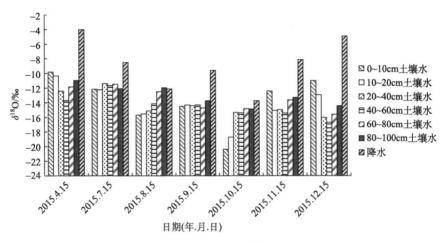

图8-4 荒草地土壤水与降水$\delta^{18}O$的时间变化关系

由图8-4可知，荒草地土壤水$\delta^{18}O$的时间变化差异不大。地表土壤水对降水的响应非常明显，但深层土壤水对降水的响应非常微弱，其原因是荒草地下层的土壤比较紧实，容重大而非毛管孔隙度小，土壤通水通气能力较低，降水难向深层土壤入渗，与前文所述的土壤物理性质相符。

8.2.2 不同森林植被类型土壤水平均滞留时间

雨水从土壤表层向深层渗透时会受到土壤物理、化学性质以及植物根系吸收作用等的影响，所以，土壤水对降水的响应并不是迅速的，而是随深度的增加呈现一定的滞后现象。因此，通过对比降水和特定深度处土壤水分的氢氧同位素，分析比较降水和土壤水拟合曲线的振幅和相(时间)的位移，从而计算出土壤从地表接收降水补给开始，入渗至某一特定土壤深度之间所需要的滞留时间(刘君等，2012)。土壤水滞留时间的确定方法参见第4章。

将乔木林地、灌木林地和荒草地3种森林植被类型0～100cm厚度的土壤按0～20cm、20～40cm、40～60cm、60～80cm以及80～100cm分为五层，利用正弦公式对降水和土壤水中的$\delta^{18}O$值进行模拟，得出各土层深度土壤水与降水的变化关系。

1. 乔木林地不同深度土壤水平均滞留时间

由图 8-5 可知，降水和乔木林地土壤水的模拟值和实测值均具有较好的相关性。在年尺度上，大气降水的氢氧同位素值变化范围大，振幅大。同时，与降水模拟曲线的振幅相比，随深度的增加，土壤水中 $\delta^{18}O$ 的振幅逐渐减小。这是因为随深度增加，降水对土壤水的补给路径延长，加之受土壤物理性质及水力参数等因素的影响，其同位素的变化幅度越来越小。

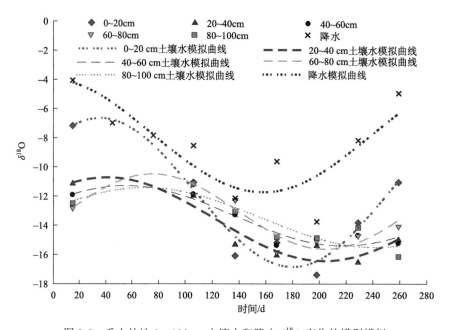

图 8-5　乔木林地 0～100cm 土壤水和降水 $\delta^{18}O$ 变化的模型模拟

表 8-2 显示的是乔木林地降水和不同深度土壤水氧同位素滞留时间的拟合参数。由表 8-2 可知，土壤水氧同位素的振幅随土壤深度的增加而减小，然而，土壤水的平均滞留时间却随着土壤深度的增加整体表现为增加的趋势。该结论与韩国济州岛土壤非饱和带的土壤水分滞留时间规律一致(Lee et al.，2007)。60～80cm 处土壤水的平均滞留时间比 40～60cm 短，出现这种现象的原因可能与乔木林地土壤剖面的物理性质有关。由前

表 8-2　乔木林地不同深度土壤水分滞留时间

降水及不同土壤深度	β_0 /‰	A/‰	φ /rad	R^2	τ/d
降水	−7.84	3.88	1.65	0.73	
0～20cm	−11.75	5.1	0.79	0.93	—
20～40cm	−13.58	2.86	0.78	0.90	53.3
40～60cm	−13.34	2.06	0.51	0.89	92.8
60～80cm	−13.06	2.57	−0.26	0.86	65.7
80～100cm	−13.46	2.05	0.31	0.79	93.4

注：表中字符含义及计算见式(4-7)和式(4-8)。一表示未能计算出结果。

文土壤剖面的物理特性可知，乔木林地 40～60cm 土层处的毛管孔隙度为 36.19%，大于深层土层的 31.85%，而毛管孔隙是土壤持水性能的表征，故 40～60cm 处的土壤持水性能较强。另外，40～60cm 和 80～100cm 土壤水氧同位素变化的振幅和滞留时间非常接近，而与 60～80cm 处显著不同，说明土壤水从 40～60cm 入渗到深层 100cm 处所需要的时间非常短。

　　2. 灌木林地不同深度土壤水平均滞留时间

　　由图 8-6 可知，降水和灌木林地土壤水的模拟值和实测值均具有较好的相关性。由图 8-6 可以看出，随深度增加土壤水同位素回归曲线的振幅逐渐减小，同时，波函数曲线的相位也表现出滞后的趋势，尤其以 40～60cm、60～80cm 以及 80～100cm 三层的土壤水分拟合曲线的变化表现最为明显。说明越往深层，降水对土壤水补给路径长度增加，土壤水受到降水的补给越慢，同位素值的变化也越小。

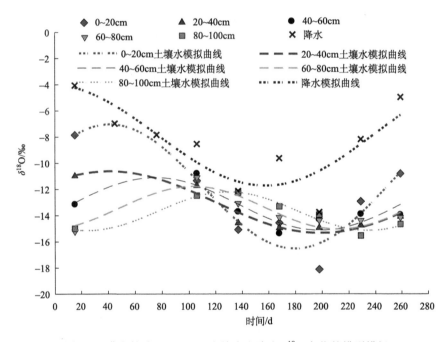

图 8-6　灌木林地 0～100cm 土壤水和降水 $\delta^{18}O$ 变化的模型模拟

　　表 8-3 显示的是灌木林地降水和不同深度土壤水氧同位素滞留时间的拟合参数。由表 8-3 可知，与乔木林地相同，随土壤深度增加，灌木林地土壤水 $\delta^{18}O$ 的变化振幅减小而土壤水分平均滞留时间和滞后相位 φ 值增大。灌木林地深层(60～80cm 和 80～100cm)土壤水的平均滞留时间明显比乔木林地长，这种现象是因为灌木林地浅层根系分布较多(多集中在 40cm 以上)而深层很少，所以对深层土壤水的消耗少，滞留时间则比乔木林地长。

表 8-3　灌木地不同深度土壤水滞留时间

降水及土壤深度	β_0 /‰	A/‰	φ /rad	R^2	τ/d
降水	−7.84	3.88	1.65	0.73	
0~20cm	−11.78	4.75	0.63	0.87	—
20~40cm	−12.97	2.36	0.76	0.92	75.8
40~60cm	−13.11	2.01	−0.33	0.70	96.0
60~80cm	−13.41	1.63	4.88	0.84	125.5
80~100cm	−13.67	1.47	3.99	0.96	142.0

注：—表示未能计算出结果。

3. 荒草地不同深度土壤水平均滞留时间

由图 8-7 可知，大气降水和荒草地土壤水的模拟值和实测值均具有较好的相关性。与大气降水模拟曲线的振幅相比，土壤水中 $\delta^{18}O$ 的变化幅度随土壤深度的增加而减小。同时，曲线的相位也表现出明显滞后的现象。除 0~20cm 表层土壤以外，其他各土壤深度的变化曲线均非常接近，说明土壤水从 20cm 处向下入渗所需的时间很短，可能受到土壤水运动的优先流下渗机制的影响，即降水通过一些"快速通道"（如裂隙、大孔隙等)迅速到达深层土壤，而不与上层旧水混合(Song et al.，2009)。在植物根系及动物入侵等活动的影响下，荒草地有大孔隙存在的条件。虽然这种优先补给的方式在空间上并不一定普遍存在，但是在合适的降水条件下，这种优先补给的方式在补给深层土壤水或地下水时比较容易发生(程立平和刘文兆，2012)。

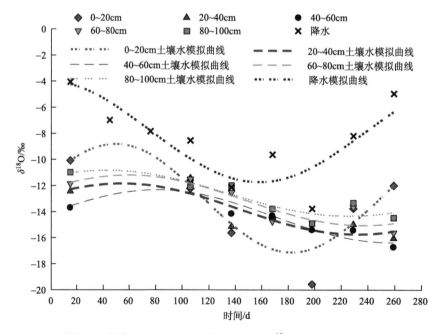

图 8-7　荒草地 0~100cm 土壤水和降水 $\delta^{18}O$ 变化的模型模拟

表 8-4 显示的是荒草地降水和不同深度土壤水氧同位素滞留时间的拟合参数。由表 8-4 可以看出，随土壤深度增加，荒草地土壤水平均滞留时间大致呈现增加趋势，但 40～60cm 深度处土壤水的滞留时间比其他层次略短。

表 8-4　荒草地不同深度土壤水滞留时间

降水及土壤深度	β_0 /‰	A/‰	φ /rad	R^2	τ/d
降水	−7.84	3.88	1.65	0.73	
0～20cm	−12.96	4.16	0.41	0.73	—
20～40cm	−13.79	1.95	0.61	0.72	100.0
40～60cm	−14.34	2.03	0.13	0.86	94.7
60～80cm	−13.12	1.93	0.51	0.77	101.4
80～100cm	−12.58	1.75	0.83	0.81	115.0

注：—表示未能计算出结果。

4. 三种不同森林植被类型土壤水平均滞留时间的对比

对比表 8-2、表 8-3 和表 8-4 不难看出，随深度增加，元阳梯田水源区 3 种森林植被类型的土壤水滞留时间均表现为逐渐增加的趋势，至深层 100cm 处，土壤水滞留平均时间表现为灌木林地>荒草地>乔木林地。乔木林地植被茂密，树木多为高大乔木，根系分布较深，土壤水多用于供给地面植物生长，消耗水分较大，尤其在降水量少、蒸发强烈的旱季，植物消耗水分的量更是不容小觑。虽然乔木林地的土壤结构好，孔隙度大，有利于水分下渗，土壤的蓄水和保水能力较强，能较好维持水分的动态平衡(宗路平等，2014)，但是植被吸收利用和蒸腾作用等使得乔木林地土壤水的滞留时间并不是最长的。灌木林地土壤水滞留时间最长，因为灌木林地的植被多为浅根性的灌木，深层土壤根系分布很少，雨季降水量大，空气湿度增大，蒸发量减少时，灌木林地植物生长所需要的水分通过降水就可以基本满足，从土层深处吸收水分的量自然就少；加之灌木的覆盖度较大，在一定程度上减少了土壤水的蒸发，因此，灌木林地土壤水的滞留时间反而大于乔木林地。另外，由于 0～20cm 土层土壤水受外界的影响较大，其曲线振幅大于大气降水曲线的变化振幅，所以未能算出该层的土壤水滞留时间。因为表层土壤水受外界环境蒸发、植物蒸腾、降雨以及其他因素的影响比深层敏感，所以该问题的解决需要分析更长时间序列的数据，以减小短时间序列中偶然因素对其同位素变化的影响。

8.3　蒸发对土壤水稳定同位素的影响

水分蒸发是造成土壤水中稳定同位素剖面分布差异的重要原因。由图 8-8(a)～图 8-8(c)可知，2019 年 3 种森林植被类型表层土壤剖面(0～20cm)上 $\delta^{18}O$ 值的变化幅度最大，而当土层深度达到 60～80cm 时，土壤水 $\delta^{18}O$ 值趋于稳定，说明蒸发对深层土壤水 $\delta^{18}O$ 值的影响微弱。

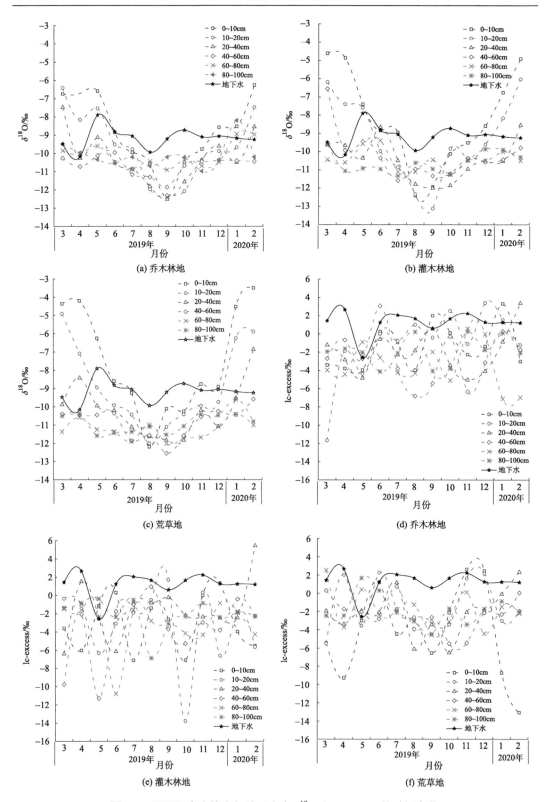

图 8-8　不同深度土壤水与地下水中 $\delta^{18}O$ 和 lc-excess 的时间变化

　　由图 8-8(d)～图 8-8(f)和表 8-5 可知，3 种植被类型 0～10cm 土壤水中 lc-excess 的平均值(依次为–3.41‰、–3.61‰、–4.10‰)显著低于其他土层，且随深度增加而增大，进一步证明土壤表层的蒸发最强，而深层蒸发减弱。乔木林地、灌木林地和荒草地 0～100cm 土壤水的 lc-excess 值存在显著的季节变化，均表现为旱季小于雨季。3 种植被类型土壤水 lc-excess 的变化范围分别为–11.66‰～3.41‰、–13.77‰～5.44‰、–13.07‰～2.62‰，年均值为分别–2.04‰、–2.80‰、–2.27‰，标准差分别为 2.72‰、3.14‰、2.88‰，表现为乔木林地大于灌木林地和荒草地，说明乔木林地土壤蒸发较灌木林地和荒草地弱。进一步对比降水、土壤水和地下水的 lc-excess 的年平均值发现，2019 年各水体中 lc-excess 平均值依次为地下水(1.19‰)>降水(0)>乔木林地土壤水(–2.06‰)>荒草地土壤水(–2.27‰)>灌木林地土壤水(–2.80‰)，即 3 种植被类型土壤水中的 lc-excess 均小于 0，说明土壤水的稳定同位素均经历了不同程度的蒸发富集，而地下水中的 lc-excess 大于 0，则说明研究区的地下水可能受到除降水以外的其他水源的影响。

　　由图 8-9 可知，3 种林地土壤水中 δD 与 δ^{18}O 均分布在当地 LMWL 的下方，且 3 种林地土壤水线(SWL)的斜率和截距均小于 LMWL，这可能与不同季节土壤水中稳定同位素经历的蒸发富集程度不同有关。而在 3 种森林植被类型中，荒草地土壤水线的斜率和截距均大于乔木林地和灌木林地，且更接近大气降水线，表明荒草地土壤水接受当季降水补充较多。与降水和土壤水中稳定同位素的变化不同，地下水中 δ^{18}O 的变化较小(标准差为 0.55‰)，介于–7.91‰～10.17‰，其平均值为–9.16‰，大于土壤水和降水中的 δ^{18}O，表明地下水并不单纯来自观测期降水，可能是多年降水的平均状态或受其他水源的影响(田立德等，2002)。

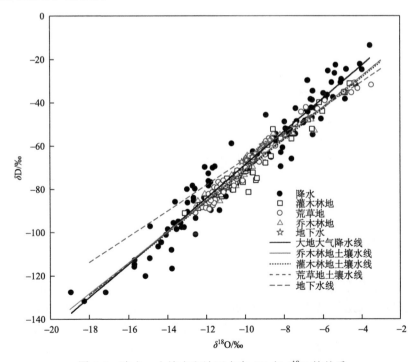

图 8-9　降水、土壤水和地下水中 δD 与 δ^{18}O 的关系

表 8-5　降水、土壤水和地下水中 $\delta^{18}O$ 和 lc-excess 值统计

类型		土壤深度	全年		旱季		雨季	
			$\delta^{18}O$/‰	lc-excess/‰	$\delta^{18}O$/‰	lc-excess/‰	$\delta^{18}O$/‰	lc-excess/‰
降水			−10.69±3.65	0±7.25	−7.38±2.42	1.25±6.78	−11.71±3.56	−0.96±7.52
土壤水	乔木林地	0～10cm	−8.79±1.94	−3.41±2.49	−7.77±1.40	−3.65±3.30	−9.82±1.96	−3.18±1.62
		10～20cm	−9.59±1.92	−2.52±2.88	−8.66±1.55	−2.38±2.32	−10.53±1.91	−2.65±3.59
		20～40cm	−10.13±1.42	−1.91±1.55	−9.46±1.21	−1.78±2.98	−10.84±1.19	−2.07±1.93
		40～60cm	−10.26±0.67	−1.92±2.40	−9.83±0.73	−1.82±5.22	−11.06±0.73	−2.64±1.69
		60～80cm	−10.64±0.54	−1.41±2.43	−10.44±0.15	−1.75±2.62	−10.44±0.47	−1.08±2.42
		80～100cm	−10.11±0.70	−1.07±3.92	−9.86±0.95	−1.18±1.06	−10.36±0.21	−0.33±2.30
		平均	−9.92±1.42	−2.06±2.74	−9.34±1.36	−2.09±3.04	−10.51±1.24	−2.03±2.44
	灌木林地	0～10cm	−8.24±2.62	−3.61±3.64	−6.54±2.11	−3.98±5.50	−9.94±1.94	−3.56±3.25
		10～20cm	−9.29±2.26	−3.27±4.25	−7.96±1.78	−3.94±3.52	−10.81±1.97	−2.96±2.99
		20～40cm	−10.20±1.32	−3.16±2.71	−9.60±0.87	−3.67±4.31	−10.86±1.29	−2.55±2.88
		40～60cm	−10.41±1.15	−3.07±2.95	−9.97±1.52	−3.17±3.19	−11.00±0.79	−2.38±1.52
		60～80cm	−10.60±0.58	−1.62±3.15	−10.40±0.21	−2.12±2.15	−10.62±0.26	−1.11±4.07
		80～100cm	−10.44±0.57	−2.10±1.74	−10.20±0.53	−2.58±2.36	−10.47±0.82	−1.61±0.70
		平均	−9.86±1.78	−2.80±3.14	−9.11±1.89	−3.24±3.48	−10.62±1.28	−2.36±2.72
	荒草地	0～10cm	−7.58±2.88	−4.10±4.86	−5.71±2.45	−5.24±6.49	−9.45±1.98	−3.15±2.87
		10～20cm	−8.89±2.28	−2.29±2.02	−7.31±2.09	−2.96±2.58	−10.47±1.04	−2.17±0.85
		20～40cm	−10.21±1.48	−2.16±2.58	−9.33±1.49	−2.70±2.08	−11.10±0.83	−1.88±2.06
		40～60cm	−11.28±0.50	−1.86±1.64	−11.02±0.47	−2.11±1.69	−11.54±0.40	−1.52±2.56
		60～80cm	−10.86±0.60	−1.82±2.09	−10.37±0.41	−2.03±2.20	−11.39±0.85	−1.56±2.24
		80～100cm	−10.84±0.85	−1.40±2.70	−10.28±0.35	−1.17±2.00	−11.34±0.22	−0.77±3.19
		平均	−9.94±2.09	−2.27±2.88	−9.00±2.35	−2.42±2.21	−10.88±1.22	−2.12±3.45
地下水			−9.16±0.55	1.19±1.27	−8.94±0.66	1.55±0.67	−9.35±0.38	0.78±1.72

注：数值为平均值±标准差。

8.4　下渗过程对土壤水稳定同位素的影响

　　在降水入渗过程中，下渗水与原有土壤水发生混合，新水只取代了一部分旧水，越往深层土壤水中稳定同位素值的变化越小（田立德等，2002）。在强降水条件下，土壤水的下渗深度大，降水与深层土壤水的混合机会多，混合程度也相对较大。由图 8-8(a)～图 8-8(c) 和表 8-5 可见，在雨季，经历多次较大的降水事件后（收集的 56 个降水样品中降水量≥10mm 的样品有 29 个），新旧水混合程度大，其中在乔木林地和灌木林地中，0～60cm 土壤水与降水充分混合，60～100cm 土壤水与降水部分混合，但在荒草地中，0～100cm 土壤水与降水充分混合；在旱季，经历数次较小的降水事件后（收集的 43 个降水样品中降水量≥10mm 的样品有 7 个），新旧水混合程度小，在乔木林中，仅 0～10cm 土壤水含有降水中氧稳定同位素信息，而 20～100cm 土壤水中还保留着雨季的同位素信息，

在灌木林地和荒草地中，0～20cm 土壤水含有降水中氧稳定同位素信息，而 40～100cm 土壤水中还保留着雨季的同位素信息。综上所述，土壤水下渗时，新旧水混合是一个持续累积的过程，而在这个过程中，旧的土壤水逐渐被下渗水替代。

土壤水下渗时还伴随着土壤水分的补给，受土壤剖面的结构和质地、前期含水量、入渗性能以及不同降水事件的影响，土壤水分的补给在剖面上存在时滞，从图 8-8(a)～图 8-8(c)可以看出，0～20cm 土壤水易与降水充分混合，土壤水的更新时间短，土壤水同位素随降水事件的发生而更新，20～60cm 土壤水的更新时间在数月内，60～100cm 土壤水中 $\delta^{18}O$ 的变化较小，推测该深度土壤水的更新时间可能在 1 年以上。

第9章 哈尼梯田生态系统浅层地下水同位素特征与水分来源

地下水作为流域水文循环过程中的关键部分,对于流域水资源的补给具有重要作用。因此,深入认识和理解区域地下水的来源、补给及转换机制有利于促进该区地下水的科学合理利用。D 和 ^{18}O 作为天然的示踪剂,在研究区域水循环过程及地下水与其他各水体之间的转化等方面得到了广泛的应用(于静洁等,2007;宋献方等,2007a;高德强等,2017)。目前,δD 和 δ^{18}O 作为示踪剂已经在确定地下水的补给高程、地下水的补给来源以及补给量、地下水与地表水的水力联系及其转换等方面的研究中取得了较多的成果。水是维持哈尼梯田生态系统稳定的关键。麻栗寨河流域是哈尼梯田的代表型流域,分析其浅层地下水的氢氧同位素组成特征及其来源,能为该区地下水补给来源和补给范围的研究及深入了解区域的水循环过程奠定基础。本章通过分析哈尼梯田水源区浅层地下水(泉水)的氢氧同位素组成特征,明确浅层地下水的水分来源,为理解该区地表水、地下水和大气降水的转化过程提供参考,为定量研究哈尼梯田区森林–梯田复合生态系统的水循环过程、区域水资源的转化关系以及流域的可持续发展提供科学理论依据。

9.1 浅层地下水 δD 和 δ^{18}O 的组成特征

2019 年 3 月~2020 年 2 月哈尼梯田水源区浅层地下水 δD 值的变化范围为–66.62‰~–55.33‰,其平均值为–60.67‰,标准差为 2.82‰;δ^{18}O 值的变化范围为–9.93‰~–7.71‰,其平均值为–8.74‰,标准差为 0.58‰(表 9-1)。与同时期的大气降水相比,浅层地下水 δD 和 δ^{18}O 的变化范围偏小,但平均值比降水的平均值(–75.18‰和–10.67‰)更为偏正。浅层地下水中 lc-excess 的变化范围为–6.15‰~1.67‰,平均值为–1.54‰,标准差为 2.08‰,说明研究区的浅层地下水氢氧同位素经历了不同程度的蒸发富集。

表 9-1 浅层地下水中 δD、δ^{18}O

时间段	δD /‰			δ^{18}O /‰			lc-excess/‰		
	最大值	最小值	平均值	最大值	最小值	平均值	最大值	最小值	平均值
全年	–55.33	–66.62	–60.67	–7.71	–9.93	–8.74	1.67	–6.15	–1.54
旱季	–59.66	–63.38	–61.32	–8.40	–9.28	–8.81	0.72	–2.84	–1.41
雨季	–55.33	–66.62	–59.90	–7.71	–9.93	–8.65	1.67	–6.15	–1.45

哈尼梯田水源区浅层地下水 δD 和 δ^{18}O 间呈现出显著的线性关系(图 9-1),其关系式 SGWL(shallow groundwater line)为

$$\delta D = 4.54\delta^{18}O - 20.99 \ (P < 0.001,\ R^2 = 0.865,\ n = 13) \tag{9-1}$$

与研究区的大气降水线 $\delta D = 7.67\,\delta^{18}O + 7.87$ 相比，斜率和截距均偏小。浅层地下水线与大气降水线相差较大，表明研究区的浅层地下水与降水补给关系不密切。

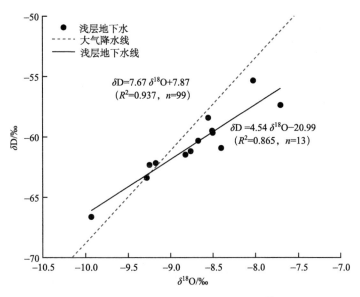

$$\delta D = 7.67\,\delta^{18}O + 7.87$$
$$(R^2 = 0.937,\ n = 99)$$

$$\delta D = 4.54\,\delta^{18}O - 20.99$$
$$(R^2 = 0.865,\ n = 13)$$

图 9-1　哈尼梯田水源区浅层地下水 δD 与 $\delta^{18}O$ 的关系

9.2　浅层地下水 δD 与 $\delta^{18}O$ 的时间变化

从图 9-2 中可以看出，研究区浅层地下水 δD 值变化幅度较小，较稳定；当大气降水 δD 值变幅较大时，地下水 δD 值也随之变化。浅层地下水 δD 值在大气降水 δD 值的变化

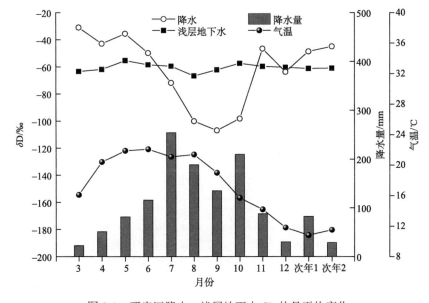

图 9-2　研究区降水、浅层地下水 δD 的月平均变化

范围内,表明地下水可受大气降水的补给。哈尼梯田水源区浅层地下水 $\delta D(\delta^{18}O)$ 值的季节变化不明显(图 9-2 和表 9-1),且旱季和雨季的 $\delta D(\delta^{18}O)$ 值差异较小,旱季浅层地下水中 $\delta D(\delta^{18}O)$ 的平均值为–61.32(–8.81),雨季浅层地下水中 $\delta D(\delta^{18}O)$ 的平均值为–59.90 (–8.65)。旱季和雨季浅层地下水中 lc-excess 的平均值分别为–1.41 和–1.45,进一步说明了研究区的浅层地下水受降水量和温度的影响相对较小。

从图 9-2 还可以看出,旱季浅层地下水 $\delta D(\delta^{18}O)$ 值与同期大气降水 $\delta D(\delta^{18}O)$ 值的差异较小,雨季浅层地下水 $\delta D(\delta^{18}O)$ 值与同期大气降水 $\delta D(\delta^{18}O)$ 值的差异较大,且雨季降水 $\delta D(\delta^{18}O)$ 值对浅层地下水 $\delta D(\delta^{18}O)$ 值的影响较大,表明雨季大气降水对地下水的补给作用最强。

9.3　浅层地下水的补给来源

为进一步了解研究区浅层地下水与其他水体之间的水力联系及其补给来源,将不同水体的 $\delta^{18}O$ 和 δD 关系进行相互比较(表 9-2)。由表可知,所有水体中,降水的关系斜率和截距最大,所以能把降水当作其他水体的原始补充源;浅层地下水的斜率和截距均比同期地表水和土壤水小,是所有水体中最小的,这在一定程度上说明流域内的地表水和土壤水也是浅层地下水的补给来源,且由降水转化为浅层地下水的过程中经历了程度最剧烈的蒸发作用。

表 9-2　不同水体中 δD 和 $\delta^{18}O$ 的关系

水体类型	δD 和 $\delta^{18}O$ 的关系	R	P	样品数/个
降水	$\delta D=7.67\,\delta^{18}O+7.87$	0.937	<0.001	99
地表水	$\delta D=5.57\,\delta^{18}O-11.62$	0.970	<0.001	387
土壤水	$\delta D=7.20\,\delta^{18}O+0.91$	0.954	<0.001	216
浅层地下水	$\delta D=4.54\,\delta^{18}O-20.99$	0.865	<0.001	13

另外,研究区降水 δD、$\delta^{18}O$ 值的变化范围分别为–131.87‰～–13.757‰、–18.937‰～ –3.563‰,地表水 δD、$\delta^{18}O$ 值的变化范围分别为–92.68‰～25.998‰、–13.09‰～8.330‰,土壤水 δD、$\delta^{18}O$ 值的变化范围分别为–91.00‰～–31.03‰、–13.12‰～–3.492‰,浅层地下水的 δD、$\delta^{18}O$ 值的变化范围(分别为–66.62‰～–55.33‰、–9.933‰～–7.713‰)均处于降水、地表水和土壤水的变化范围之内,这也进一步说明研究区的降水、地表水和土壤水是浅层地下水的补给来源。

利用 Iso Source 模型计算研究区各水源对浅层地下水的贡献率,结果见表 9-3 和表 9-4。由表 9-3 可知,在流域范围内,浅层地下水主要来源于地表水,其水源贡献率高达 66.4%,其次是土壤水(水源贡献率为 18.6%),在 3 种水源中,降水对浅层地下水的补给比例最小,水源贡献率仅为 15%。另外,流域范围内 3 种水源对浅层地下水的补给也存在较为明显的季节性差异,在旱季,土壤水是浅层地下水最大的贡献者,其补给比例高达 80.5%,而在雨季,浅层地下水主要来源于地表水,其水源贡献率高达 94%,其余两种水源的贡献率仅占 6%。

表 9-3　流域内浅层地下水的可能来源　　　（单位：%）

时间段	降水	地表水	土壤水
全年	15	66.4	18.6
旱季	14	5.5	80.5
雨季	1	94.0	5.0

在小尺度范围内，即将地表水分为 4 种不同类型后，各水源对浅层地下水的贡献率见表 9-4。由表可知，在年尺度上，森林地表水和梯田渠水对浅层地下水的补给比例相对于其他水源高，均大于 20%；其次是溪水，贡献率为 17.3%；然后为梯田水和土壤水，其水源贡献率分别为 14.8%和 14.1%，降水对浅层地下水的补给比例最低，仅为 12.2%。各水源对浅层地下水的补给也存在较为明显的季节性差异，在旱季，浅层地下水主要来源于土壤水和溪水，水源贡献率分别为 41.8%和 36%，而其余各水源的贡献率均低于 9%。在雨季，梯田水对浅层地下水的补给比例最大，高达 37.3%；其次是森林地表水、溪水和梯田渠水，补给比例均在 13%～19%；补给比例最低的是降雨和土壤水，补给比例均低于 10%。

表 9-4　小尺度下浅层地下水对各水源的利用　　　（单位：%）

时间段	降水	土壤水	地表水类型			
			森林地表水	溪水	梯田渠水	梯田水
全年	12.2	14.1	20.6	17.3	20.9	14.8
旱季	4.3	41.8	8.3	36.0	7.8	1.9
雨季	6.5	8.2	16.4	13.5	18.2	37.3

总的来说，哈尼梯田水源区浅层地下水以降水为初始的补给来源，且由降水转化为浅层地下水的过程中，各水源对浅层地下水的补给存在较为明显的季节差异，旱季浅层地下水主要来源于土壤水，雨季则主要接受地表水的补给。

9.4　小　　结

(1) 哈尼梯田水源区浅层地下水 δD 和 $\delta^{18}O$ 的关系式为：$\delta D = 4.54 \delta^{18}O - 20.99$（$P < 0.001$，$R^2 = 0.865$，$n = 13$），$\delta D$ 和 $\delta^{18}O$ 值的变化范围为 $-66.62‰ \sim -55.33‰$、$-9.93‰ \sim -7.71‰$，且都落在大气降水线的附近，说明该地区降水是浅层地下水初始的补给来源。研究区浅层地下水 δD、$\delta^{18}O$ 值的变化幅度较小，且季节变化不显著。

(2) 哈尼梯田水源区的浅层地下水来源于降水、地表水和土壤水，是多种水的混合体。在由降水转化为浅层地下水的过程中，各水源对浅层地下水的补给存在较为明显的季节差异，旱季浅层地下水主要来源于土壤水（贡献率高达 80.5%），雨季主要接受地表水的补给（贡献率高达 94%）。

第 10 章 哈尼梯田生态系统植物水分利用来源及策略

哈尼梯田拥有丰富的森林资源，是当地居民的用材和薪炭的供应源。受气候的影响，森林群落分布差异明显，各森林群落的优势种不同，植被主要代表科有禾本科、菊科、茜草科、大戟科、茶科等。

本章以全福庄小流域上方水源林区为研究区域，以常绿乔木云南樟、印度木荷、元江栲，落叶乔木旱冬瓜，常绿灌木西南山茶、山橙，以及草本植物野牡丹为研究对象，结合相关的环境因子，基于氢氧稳定同位素技术，通过分析观测期内降水、土壤水以及不同植物茎干水中氢氧稳定同位素的变化特征，探讨植物水分来源，定量阐明不同环境条件下梯田水源林中主要优势植物水分利用策略，为哈尼梯田区森林系统结构的优化及可持续发展提供理论依据。

10.1 土壤水和植物水氢氧稳定同位素特征

10.1.1 植物根系垂直分布特征

哈尼梯田上方水源林区 7 种优势植物(云南樟、旱冬瓜、印度木荷、元江栲，西南山茶和山橙，野牡丹)根系垂直分布如图 10-1 所示。由图可知，云南樟的根系主要分布在 0~60cm 土层中，其中，<2mm 的根系在 0~100cm 的土壤中均有分布，约 50%分布在 0~20cm 处；2~5mm 的根系在 0~100cm 的土壤中也均有分布，约 50%分布在 20~60cm 处；>5mm 的根系分布在 0~60cm 的土层，且在 20~60cm 处所占比重较大，主要对树体起支撑及稳定作用。

旱冬瓜根系在垂直方向主要分布在 0~60cm 的土层，占总根系的 85%以上。<2mm 的根系在 0~100cm 的土层均有分布，同时，在各土层中的分布也较为均匀；2~5mm 的根系分布在 0~80cm 的土层，且分布较均匀；>5mm 的根系主要分布在 0~60cm 的土层，根系较发达。

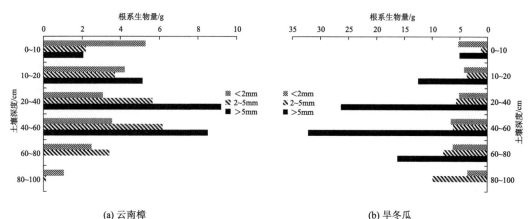

(a) 云南樟　　　　　　　　　　　　(b) 旱冬瓜

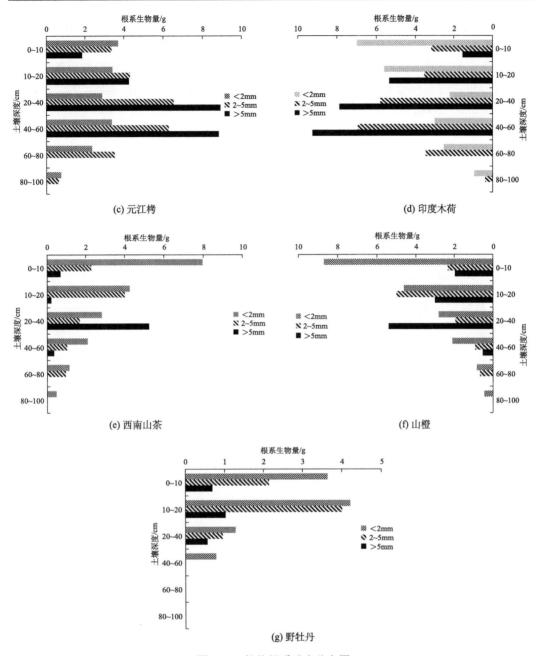

图 10-1 植物根系垂直分布图

　　印度木荷的根系主要分布在 0～60cm 的土层，其中＜2mm 的根系在所挖取的各层土壤中均有分布，约 60%分布在 0～20cm 处；2～5mm 的根系在 0～100cm 的土壤中均有分布，约 50%分布在 20～60cm 处；＞5mm 的根系分布在 0～60cm 的土层，且 40～60cm 所占比重较大(约为 70%)，对树种起到支撑和稳定的作用。

　　元江栲＜2mm 的根系在所挖取的各层土壤中均有分布，且在各层中分布都较为均匀；2～5mm 的根系在 0～100cm 的土壤中也均有分布，约 50%分布在 20～60cm 处；

>5mm 的根系分布在 0~60cm 的土层，其中 20~60cm 分布的根系约占>5mm 根系的 75%，其主要作用是对树体进行支撑和稳定。

西南山茶的根系在 0~40cm 土层的分布较多，<2mm 的根系在所挖取的各层土壤中均有分布，约 60%分布在 0~20cm 处；2~5mm 的根系分布在 0~80cm 的土层，约 60%分布在 0~20cm 处；>5mm 的根系分布在 0~60cm 的土层，其中 20~40cm 土层分布的根系约占>5mm 根系的 80%。

山橙<2mm 的根系在所挖取的各层土壤中均有分布，约 70%分布在 0~20cm 处；2~5mm 的根系分布在 0~80cm 的土层，约 70%分布在 0~20cm 处；>5mm 的根系分布在 0~60cm 的土层，其中 20~40cm 分布的根系约占>5mm 根系的 50%。

野牡丹的根系分布在 0~60cm 土层，<2mm 的根系在 0~60cm 土壤中均有分布，约 90%分布在 0~20cm 处；2~5mm 的根系分布在 0~40cm 土层，约 90%分布在 0~20cm 处；>5mm 的根系分布在 0~20cm 土层，其中 10~20cm 分布的根系约占>5mm 根系的 50%，>5mm 的根系占总生物量的比例较低，约为 10%。

10.1.2　氢氧同位素特征

1. 水源林潜在水源氢氧同位素的统计描述

对降水、地下水、样地林地土壤水及地表水的氢氧同位素进行统计分析，见表 10-1。

表 10-1　各潜在水源氢氧同位素的统计描述分析

样品	变量	中位数/‰	最小值/‰	最大值/‰	平均值/‰	标准差/‰	相关系数/%
降水	δD	−63.93	−131.87	−13.75	−67.21	4.05	0.949**
	$\delta^{18}O$	−8.76	−18.93	−3.56	−9.79	3.65	
地下水	δD	−60.92	−66.62	−55.33	−60.67	2.82	0.930**
	$\delta^{18}O$	−8.67	−19.93	−7.71	−8.74	0.57	
乔木林地土壤水	δD	−72.90	−88.44	−43.11	−70.26	10.56	0.968**
	$\delta^{18}O$	−10.26	−12.52	−6.26	−9.92	1.42	
灌木林地土壤水	δD	−73.79	−91.00	−31.15	−70.56	13.12	0.973**
	$\delta^{18}O$	−10.38	−13.12	−4.62	−9.86	1.78	
地表水	δD	−64.23	−92.68	−11.13	−59.65	13.33	0.957**
	$\delta^{18}O$	−9.37	−13.09	−0.37	−9.61	2.04	

**表示在 0.01 水平上显著相关。

降水的 δD 值在−131.87‰~−13.75‰，$\delta^{18}O$ 在−18.93‰~−3.56‰；地下水的 δD 值在−66.62‰~−55.33‰，$\delta^{18}O$ 在−19.93‰~−7.71‰；乔木林地土壤水的 δD 值在−88.44‰~−43.11‰，$\delta^{18}O$ 值在−12.52‰~−6.26‰；灌木林地土壤水的 δD 值在−91‰~−31.15‰，$\delta^{18}O$ 值在−13.12‰~−4.62‰；地表水的 δD 值在−92.68‰~−11.13‰，$\delta^{18}O$ 值在−13.09‰~−0.37‰。对降水、地下水、土壤水及地表水的 δD 和 $\delta^{18}O$ 分别进行 SPSS 相关性分析，得到的相关性系数分别为 0.949、0.930、0.968、0.973 和 0.957，表示各样品的 δD 和 $\delta^{18}O$ 均极显著相关。由于 δD 和 $\delta^{18}O$ 的相关性较强，因此本节在分析植物水分利用策略时只

采用 δD 值。

2. 植物水 δD 和 δ^{18}O 的变化特征

不同植物木质部水同位素值有所不同，且在不同季节中植物水同位素值差异较为明显（表 10-2）。全年旱冬瓜的 δD 和 δ^{18}O 最低，分别为 –98.07‰和 –13.32‰；印度木荷次之，元江栲的 δD 和 δ^{18}O 略高于印度木荷；野牡丹、西南山茶和云南樟的 δD 和 δ^{18}O 相近，三者中西南山茶的 δD 和 δ^{18}O 值最高，分别为 –66.32‰和 –7.79‰；山橙的 δD 和 δ^{18}O 最高，分别为 –63.63‰和 –7.03‰。在不同时段，7 种植物水的 δD 波动较大，其中，山橙 δD 的波动最大，变化范围是 –92.08‰～–48.62‰，云南樟 δD 的波动最小，变化范围是 –90.13‰～–54.55‰；而 7 种植物的 δ^{18}O 随着时间的变化，其值变化较小。7 种植物木质部水 δD（δ^{18}O）值呈现出较为明显的季节变化，均表现为旱季大于雨季。

表 10-2　不同植物水分的氢氧同位素值

植物种类	全年		旱季		雨季	
	δD/‰	δ^{18}O/‰	δD/‰	δ^{18}O/‰	δD/‰	δ^{18}O/‰
云南樟	–67.44	–7.86	–61.78	–6.75	–72.15	–8.78
旱冬瓜	–98.07	–13.32	–68.92	–9.10	–100.14	–13.60
印度木荷	–77.14	–8.95	–70.10	–8.02	–83.01	–9.72
元江栲	–73.04	–8.80	–63.57	–7.18	–79.35	–9.88
西南山茶	–66.32	–7.79	–56.34	–6.55	–74.63	–8.81
山橙	–63.63	–7.03	–51.12	–5.08	–76.14	–8.97
野牡丹	–66.60	–8.19	–62.03	–7.27	–70.26	–8.92

3. 植物水 δD 和 δ^{18}O 相关关系

对 2019 年 3 月～2020 年 1 月哈尼梯田水源林样地内 7 种主要优势植物水 δD 和 δ^{18}O 进行线性回归分析，结果表明，哈尼梯田水源区森林植物水 δD 和 δ^{18}O 线性相关性极显著（图 10-2），其线性方程为：δD= 3.34 δ^{18}O–42.66（$P<0.001$，$R^2=0.3294$，$F=340.921$，$n=96$）。植物水线主体在地区降水线之下，说明植物既利用该地区的大气降水，也利用其他水源的水分（如土壤水、地下水等）。

分别对 2019 年 3 月～2020 年 1 月哈尼梯田水源林样地内 7 种主要优势植物水的 δD 和 δ^{18}O 进行线性回归分析，结果表明，哈尼梯田水源林中云南樟植物水 δD 和 δ^{18}O 线性相关性极显著[图 10-3（a）]，其线性方程为：δD= 4.58 δ^{18}O–31.45（$P<0.001$，$R^2=0.903$，$F=83.494$，$n=11$）；旱冬瓜植物水 δD 和 δ^{18}O 线性相关性极显著[图 10-3（b）]，其线性方程为：δD = 6.85 δ^{18}O–7.73（$P<0.001$，$R^2=0.9163$，$F=54.762$，$n=7$）；元江栲植物水 δD 和 δ^{18}O 线性相关性极显著[图 10-3（c）]，其线性方程为：δD = 5.57δ^{18}O–22.98（$P<0.001$，$R^2=0.9148$，$F=85.874$，$n=9$）；印度木荷植物水 δD 和 δ^{18}O 线性相关性极显著[图 10-3（d）]，其线性方程为：δD= 5.40 δ^{18}O–28.80（$P<0.001$，$R^2=0.8992$，$F=80.316$，$n=11$）；西南山茶植物水 δD 和 δ^{18}O 线性相关性极显著[图 10-3（e）]，其线性方程为：δD=5.75 δ^{18}O –21.58

（$P<0.001$，$R^2=0.8585$，$F=54.587$，$n=11$）；山橙植物水 δD 和 $\delta^{18}O$ 线性相关性极显著[图 10-3（f）]，其线性方程为：$\delta D=5.79\,\delta^{18}O-22.94$（$P<0.001$，$R^2=0.8525$，$F=46.229$，$n=10$）；野牡丹植物水 δD 和 $\delta^{18}O$ 线性相关性极显著[图 10-3（g）]，其线性方程为：$\delta D=4.61\delta^{18}O-28.90$（$P=0.004$，$R^2=0.7152$，$F=17.581$，$n=9$）。

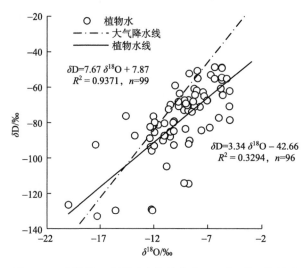

图 10-2　哈尼梯田水源区森林植物水 δD 和 $\delta^{18}O$ 的关系

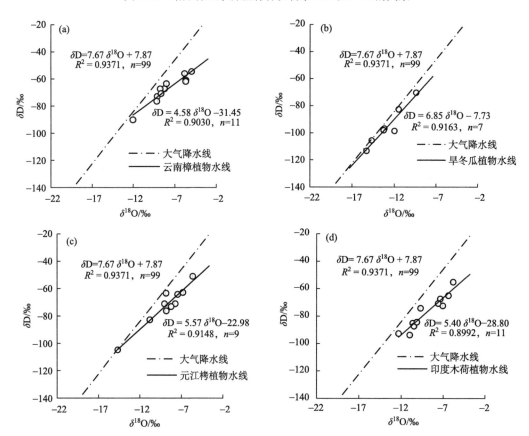

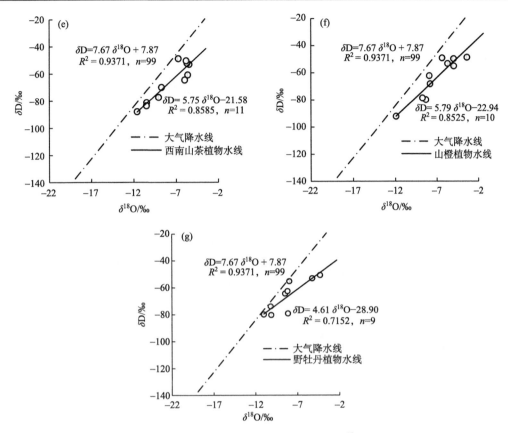

图 10-3 哈尼梯田水源林 7 种植物水 δD 和 $\delta^{18}O$ 的关系

10.2 哈尼梯田不同植被类型下植物水分来源分析

通过对植物根系状况的观察，研究分析水分来源与植物茎干水 δD 和 $\delta^{18}O$ 值对比图中水源与植物水之间的距离，来判断植物水分来源及吸水层位：若植物水与水源的 δD 和 $\delta^{18}O$ 值间的距离接近或者有部分交叉，则认为植物利用该水源，同时水源与植物水 δD 和 $\delta^{18}O$ 值越接近，则表示该水源能够贡献给植物的比例越大。

植物所能利用的降水是转化为土壤水的部分，土壤水和植物水同位素特征线交点附近的土壤层次是植物的主要水源。由土壤水氢同位素剖面及植物茎干水氢同位素特征关系图可以初步判断植物的主要水分来源。

10.2.1 林地土壤含水量特征

研究区内不同林地土壤含水量随时间和深度的变化而存在差异，图 10-4 是乔木林地和灌木林地土壤含水量特征图，乔木林地土壤含水量变化范围为 5.2%~37.55%，灌木林地变化范围为 6.13%~34.53%。表层土壤含水量波动较大，土壤持水能力较强，土壤含水量随土壤深度的增加而增加。

　　乔木林地土壤含水量季节变化明显，表现为雨季大于旱季，3～5 月土壤含水量变化
一致，随土壤深度的增加而增加，变化范围为 5.2%～23.05%，整体较小。受降水影响，
6～10 月土壤含水量有明显的增加，变化范围为 14.93%～37.55%。11 月至次年 1 月降水
减少，表层土壤含水量有所降低，但深层土壤水相对比较富集，变化范围为 11.05%～
30.48%。从各月土壤含水量变化趋势来看，土壤含水量最小值在 4 月的 10cm 土层，最
大值在 8 月的 100cm 土层。40～60cm 土层土壤含水量波动较大，其他各层次总体趋势
较为平稳。

　　灌木林地土壤含水量各层总体趋势基本一致，最大含水量出现在 10～20cm 土层。
以 80cm 为界，0～80cm 土层土壤含水量波动较大，80cm 以下土层土壤含水量随土壤深
度的增加而增加，5 月各土层土壤含水量较低，而 8 月各土层土壤含水量较高。

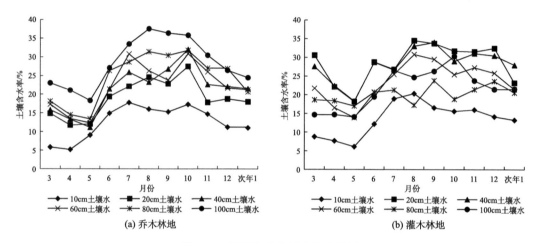

图 10-4　不同林地土壤含水率特征

10.2.2　乔木林地植物水与各潜在水源 δD 的季节变化

　　雨季以前，温度逐渐升高。3～4 月，月均温从 16.1℃升高到 20.4℃，降水过程中的
二次蒸发显著，降水 δD 的范围为–42.94‰～–31.07‰。地表水和浅层地下水 δD 均随温
度的升高偏正，地表水从–64.64‰升高到–63.17‰，浅层地下水（泉水）从–63.39‰升高到
–61.89‰。土壤水 δD 的范围为–74.98‰～–47.22‰，且不同土层的土壤水 δD 差异明显。
在温度升高而降水量小的季节，土壤水 δD 通常随土壤深度增大而逐渐变小，但由于受
植物根系吸收利用的影响，出现重同位素富集的现象，从而使土壤水 δD 变化较曲折
（图 10-5）。

　　3 月，云南樟、印度木荷和西南山茶的 δD 分别为–55.97‰、–55.24‰和–53.00‰，
接近 0～40cm 浅层土壤水；元江栲的 δD 为–63.39‰，接近 80～100cm 深层土壤水以及
浅层地下水。4 月，云南樟的 δD 为–60.89‰，接近 10～20cm 浅表层土壤水以及浅层地
下水；印度木荷的 δD 为–65.07‰，接近 80～100cm 深层土壤水及浅层地下水；西南山
茶 δD 为–48.81‰，接近 0～10cm 浅表层土壤水以及降水。总的来说，雨季之前乔木林
植物吸水层主要在浅层和深层土壤，同时也有利用降水以及浅层地下水的可能。

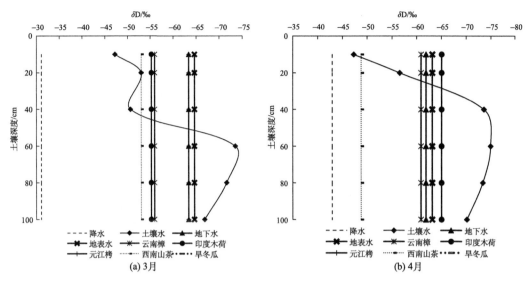

图 10-5 雨季之前乔木林地植物水与各潜在水源 δD 特征

雨季前期,月降水量从 5 月的 81.5mm 升高到 7 月的 253.9mm,月均温维持在 21.7℃ 左右。降水 δD 随降水量的增加逐渐降低,从−35.60‰降低到−71.79‰,地表水 δD 的范围为−56.76‰~−61.26‰,浅层地下水 δD 则维持在−59.49‰~−55.33‰,没有显著的变化,土壤水 δD 的范围为−81.40‰~−47.90‰。总的来说,降水、地表水和土壤水 δD 受温度和降水量影响较大,而浅层地下水则比较稳定,未受到明显干扰,说明地下水具有稳定、不易受外界气候干扰的特点(图 10-6)。

5 月,云南樟、印度木荷、旱冬瓜和元江栲 δD 较接近,分别为−67.27‰、−67.48‰、−68.64‰和−71.11‰,接近 20~40cm 浅层土壤水、40~80cm 中层土壤水和 80~100cm 深层土壤水。西南山茶 δD 为−52.24‰,接近 0~20cm 浅表层土壤水和浅层地下水。6 月,4 种植物的 δD 较为接近,分别为−67.38‰、−72.48‰、−73.18‰、−71.04‰和−69.90‰,接近 20~40cm 浅层土壤水、40~60cm 中层土壤水和 60~80cm 深层土壤水。7 月,云南樟和元江栲 δD 较接近,分别为−72.97‰和−73.14‰,接近 0~20cm 浅表层土壤水、80~100cm 深层土壤水以及降水。旱冬瓜 δD 为−78.75‰,接近降水和各层土壤水。印度木荷 δD 为−85.15‰,与本月潜在水源 δD 差异较大,可能利用了前期降水。西南山茶 δD 为−81.20‰,接近 20~40cm 浅层土壤水、40~80cm 中层土壤水。可以看出,在水分充足的雨季,由于蒸发作用强,植物依然面临水分亏缺的状况,浅表层土壤水无法完全满足植物水分需求,因此水分来自不同深度的土壤水和浅层地下水。

雨季后期,8~9 月,月降水量从 188.2mm 降低到 135.1mm,10 月降水量有一个短暂的升高(209.9mm),月均温从 8 月的 21.4℃ 降低到 10 月的 15.7℃。降水 δD 范围为−106.83‰~−98.20‰,地表水 δD 范围为−67.99‰~−60.85‰,浅层地下水 δD 范围为−66.62‰~−57.37‰,三者均没有明显的变化。土壤水 δD 范围为−88.44‰~−72.45‰ (图 10-7)。

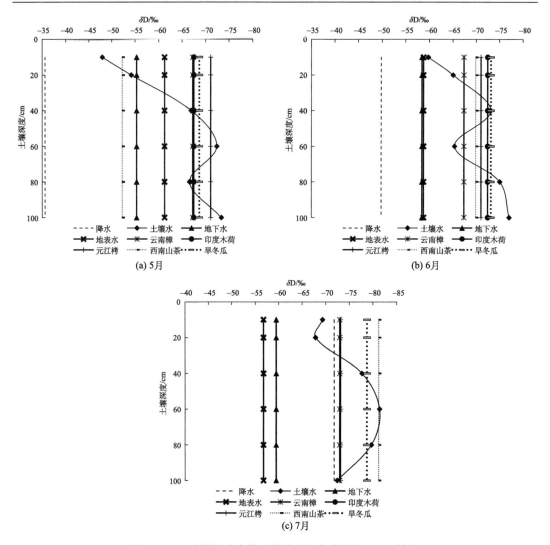

图 10-6　雨季前期乔木林地植物水与各潜在水源 δD 特征

　　8月，云南樟和元江栲的 δD 分别为 -76.44‰、-76.28‰，接近 0～10cm 浅表层和 60～100cm 深层土壤水。旱冬瓜的 δD 为 -99.64‰，接近降水。印度木荷和西南山茶 δD 分别为 -87.31‰ 和 -87.91‰，接近 10～60cm 浅层和中层土壤水。9月，云南樟、旱冬瓜、印度木荷和西南山茶 δD 分别为 -90.13‰、-92.58‰、-93.75‰ 和 -83.53‰，接近 0～60cm 浅层和中层土壤水。元江栲 δD 为 -104.78‰，与土壤水以及浅层地下水 δD 差异较大，而接近降水。10月，云南樟和西南山茶 δD 分别为 -70.81‰、-77.26‰，接近 0～10cm 浅表层和 40～100cm 中层和深层土壤水。印度木荷 $\delta^{18}O$ 为 -92.68‰，接近降水。旱冬瓜和元江栲 δD 分别为 -84.77‰ 和 -82.80‰，接近 10～40cm 浅层土壤水。总的来说，在这个季节，乔木林植物的水分来源较为广泛，对不同深度土壤水、降水和浅层地下水都有不同程度的利用，水分利用策略较为灵活。

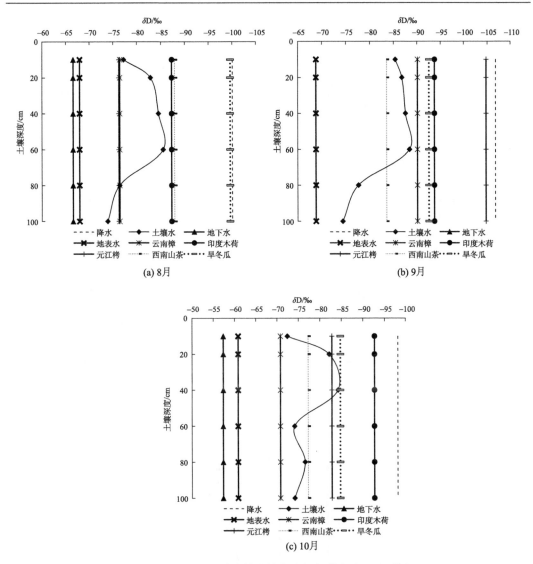

图 10-7 雨季后期乔木林地植物水与各潜在水源 δD 特征

在旱季，11 月、12 月、1 月降水量分别为 87.7mm、29.8mm 和 82.7mm，月均降水量为 66.73mm，月均温在 10.8～14.2℃。降水 δD 的范围为–63.67‰～–46.57‰，地表水 δD 的范围为–57.83‰～–49.85‰，浅层地下水 δD 的范围为–61.18‰～–59.66‰，后二者的变化幅度较小。土壤水 δD 的范围为–78.57‰～–54.20‰，其中 1 月的变化幅度较大，0～40cm 土壤水可能受植物根系吸收利用和蒸发的影响，呈现出 δD 随土壤深度增大而减小的变化趋势，40～80cm 深层土壤水则倾向于受浅层地下水的影响，δD 值与其接近。

11 月，4 种植物均与各潜在水源 δD 差异较大，植物可能利用前期雨水以及浅层地下水。12 月，云南樟和西南山茶的 δD 分别为–61.87‰、–60.76‰，接近 0～20cm 浅表层土壤水和浅层地下水。印度木荷 δD 为–70.79‰，吸水层位在 20～40cm 表层和 60～100cm 深层土壤。元江栲 δD 为–64.22‰，接近 0～20cm 浅表层土壤水和降水。1 月，云

南樟 δD 为–63.51‰，接近 10～20cm 表层土壤水、60～80cm 深层土壤水以及浅层地下水。印度木荷 δD 为–74.25‰，吸水层位在 20～60cm 表层和中层土壤。元江栲和西南山茶 δD 分别为–50.96‰、–50.38‰，接近 0～10cm 浅表层土壤水、80～100cm 深层土壤水以及降水。在旱季，乔木林地植物的水分来源较为广泛，其对不同深度土壤水和浅层地下水都有不同程度的利用，而不依赖于单一水源，受水分的胁迫相对较小(图 10-8)。

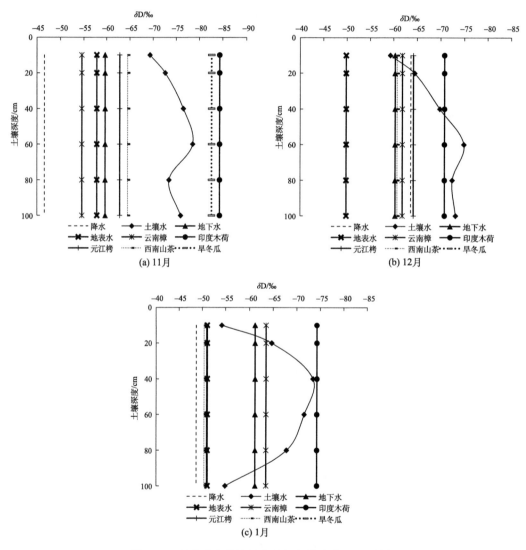

图 10-8　旱季乔木林地植物水与各潜在水源 δD 特征

10.2.3　灌木林地植物水与各潜在水源 δD 的季节变化

3 月，山橙和野牡丹的 δD 较为接近，其值分别为–48.62‰和–50.69‰，接近 40～60cm 中层土壤水。4 月，山橙 δD 为–49.08‰，接近 10～20cm 浅表层土壤水和降水。野牡丹 δD 为–55.22‰，接近 10～20cm 浅表层土壤水和浅层地下水。总体来看，在水分亏缺的情况下，灌木林地植物主要利用浅表层土壤水，也有利用降水以及浅层地下水的可能（图 10-9）。

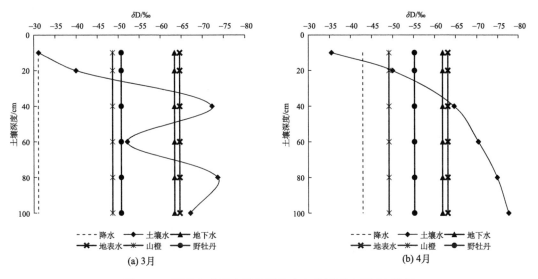

图 10-9　雨季之前灌木林地植物水与各潜在水源 δD 特征

雨季前期，5 月，山橙和野牡丹的 δD 较为接近，其值分别为–53.22‰和–53.08‰，与 0～20cm 浅表层土壤水和浅层地下水接近。7 月，山橙 δD 为–68.11‰，与 0～10cm 浅表层土壤水和降水接近。野牡丹 δD 为–73.92‰，接近 10～40cm 浅层土壤水和降水。总的来说，雨季前期灌木林地植物以浅层土壤水和降水为主要水分来源，也有利用浅层地下水的可能（图 10-10）。

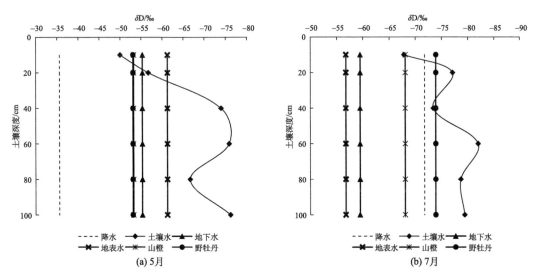

图 10-10　雨季前期灌木林地植物水与各潜在水源 δD 特征

　　雨季后期，8 月，两种植物 δD 相似，均接近 20~40cm 浅层土壤水和 60~100cm 深层土壤水 δD。9 月，山橙 δD 为–92.08‰，接近 0~20cm 浅表层土壤水。野牡丹 δD 为 –79.98‰，接近 20~40cm 浅层土壤水、40~60cm 中层土壤水和 60~100cm 深层土壤水。10 月，两种植物的 δD 相似，均接近 0~20cm 浅表层土壤水、40~60cm 中层土壤水和 60~100cm 深层土壤水。总之，在雨季后期，灌木林地植物依然可以利用其侧根获取浅表层和浅层土壤水，同时，对中层和深层土壤水都有不同程度的利用，其水分利用策略较为灵活(图 10-11)。

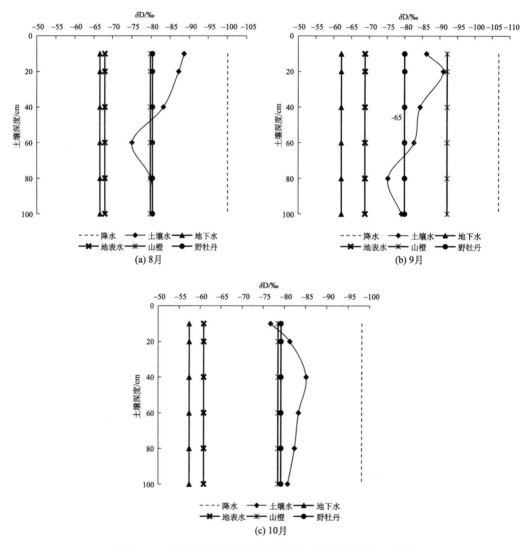

图 10-11　雨季后期灌木林地植物水与各潜在水源 δD 特征

　　旱季，灌木林地土壤水 δD 的范围为–78.42‰~–47.90‰，其中 1 月的变化幅度较大，0~40cm 土壤水可能受植物根系吸收利用和蒸发的影响，呈现出 δD 随土壤深度增大而减小的变化趋势。40~80cm 深层土壤水 δD 的变幅较小。11 月，山橙 δD 为–55.01‰，水分来源可能不以本月各潜在水源为主。野牡丹的 δD 为–64.37‰，吸水层位在 0～10cm 浅表层土壤水。12 月，两种植物 δD 相似，其值在降水和浅层地下水之间，且接近 0～10cm 浅表层土壤水。1 月，山橙 δD 为–49.67‰，接近 0～10cm 浅表层土壤水和降水。可以看出，在旱季，灌木林地植物的吸水层位在 0～10cm 浅表层，但由于降水相对较少，浅表层土壤水无法完全满足植物水分需求，因此灌木林地植物面临严重的水分亏缺状况（图 10-12）。

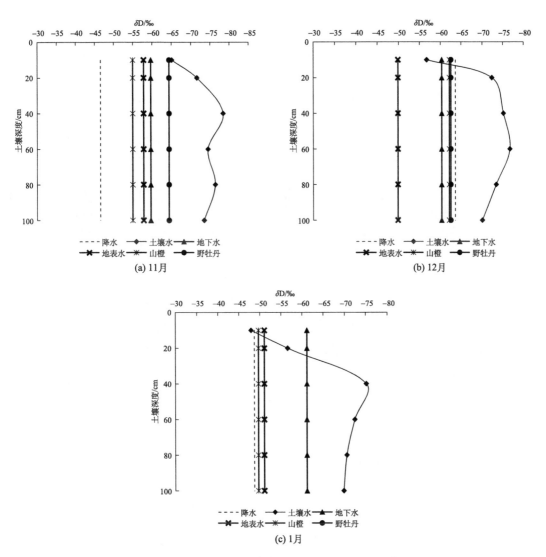

图 10-12　旱季灌木林地植物水与各潜在水源 δD 特征

10.3　哈尼梯田不同植被类型对潜在水源的水分利用比例

10.3.1　乔木林地植物对各潜在水源的利用比例

植物吸收利用水分的能力受外界环境因素(如降雨、蒸发等)以及自身生长发育周期的影响，因此，植物在不同时期和不同植物在同一时间的水源利用率存在差异。

由图 10-13 可知，3 月，云南樟和印度木荷对降水、各土层水分和浅层地下水的利用比例较相当。元江栲则主要利用 40～60cm 中层土壤水、60～80cm 和 80～100cm 深层土壤水以及浅层地下水，水分利用比例分别为 20.6%、19.9%、17.3%和 14.8%。西南山茶主要利用降水、0～10cm 和 10～20cm 浅表层土壤水、20～40cm 浅层土壤水，水分利用比例分别为 18%、17.1%、14.6%和 15.8%。4 月，云南樟对降水、各土层水分和浅层地下水的利用比例相当。印度木荷对 0～10cm 浅表层土壤水和降水的利用率较其他各土层水分和浅层地下水低，水分利用比例分别为 7.7%和 8.7%。西南山茶以 0～10cm 浅表层土壤水和降水为主要水分来源，水分利用比例分别为 22.5%与 55.8%。

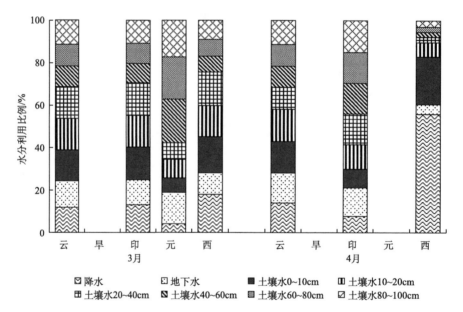

图 10-13　雨季之前乔木林地植物对各潜在水源的利用比例

云代表云南樟；旱代表旱冬瓜；印代表印度木荷；元代表元江栲；西代表西南山茶

总的来说，在雨季之前，乔木林地植物对降水、各土层水分和浅层地下水均有不同程度的利用，且对降水的利用逐渐增高。云南樟对降水、各土层水分和浅层地下水的利用比例相当。印度木荷由于受外界环境因素的影响，不同月份对降水、各土层水分和浅层地下水的利用比例不同。元江栲对 40～100cm 中层和深层土壤水以及浅层地下水的利用较多。

由图 10-14 可知，5 月，云南樟、印度木荷和元江栲主要利用 40～60cm 中层土壤水和 80～100cm 深层土壤水，利用比例均高于 25%。旱冬瓜主要利用降水和地下水，利用比例分别为 26.4%和 25.8%。而西南山茶则主要利用降水和 0～10cm 浅表层土壤水，利用比例分别为 27.6%与 19.1%。6 月，云南樟对降水、各土层水分和浅层地下水的利用比例相当。印度木荷、元江栲和西南山茶对 20～40cm 浅层土壤水和 60～100cm 深层土壤水利用率相对较高，其中以对 60～100cm 深层土壤水的利用率最高，均高于 20%。7 月，云南樟、旱冬瓜和元江栲对降水、各土层水分和浅层地下水的利用比例相当。而印度木荷和西南山茶则对 20～80cm 浅层、中层和深层土壤水有较高的利用率，其中印度木荷的利用率均高于 20%，西南山茶的利用率均高于 18.8%。

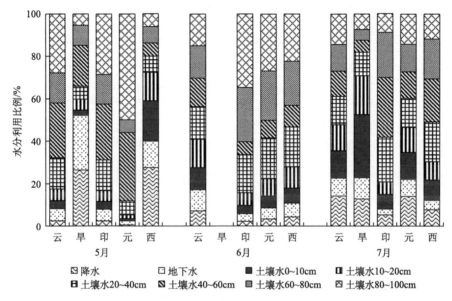

图 10-14　雨季前期乔木林地植物对各潜在水源的利用比例

云代表云南樟；旱代表旱冬瓜；印代表印度木荷；元代表元江栲；西代表西南山茶

　　总体来看，在雨季前期，乔木林地植物主要利用各土层水分，且随着降水量的不断增加，云南樟和元江栲由主要利用 20～100cm 土层土壤水转变为对降水、各土层水分和浅层地下水的利用比例相当。印度木荷则主要利用 20～100cm 土层土壤水。而西南山茶由对降水、各土层水分和浅层地下水的利用比例相当转变为主要利用 20～100cm 土层土壤水。

　　由图 10-15 可知，8 月，云南樟和元江栲对 80～100cm 深层土壤水和浅层地下水的利用率相对较高，其中对浅层地下水的利用率均高于 24%。旱冬瓜主要利用 20～40cm、40～60cm 土层土壤水，利用比例分别为 32.1%与 35.6%。而印度木荷和西南山茶则以降水为主要水分来源，利用比例分别为 36.4%与 39.4%。9 月，除西南山茶较为均匀地利用了各水源，其余 3 种植物以降水为主要水分来源，云南樟、印度木荷和元江栲利用降水比例分别为 30%、45.1%和 91.4%。10 月，云南樟以浅层地下水为主要水分来源，利用比例为 34.1%。印度木荷和元江栲主要利用降水，利用比例分别为 73.6%和 27.4%。西南山茶较为均匀地利用了各水源。

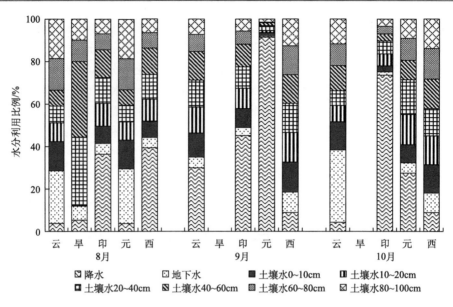

图 10-15　雨季后期乔木林地植物对各潜在水源的利用比例

云代表云南樟；旱代表旱冬瓜；印代表印度木荷；元代表元江栲；西代表西南山茶

　　总之，即使在雨季，乔木林地植物对于中深层土壤水和表层岩溶水也有一定的利用比例。云南樟主要利用各土层水分和浅层地下水；而印度木荷则对降水保持着较高的利用率；元江栲由主要利用浅层地下水转变为以降水为主要水分来源，西南山茶则由利用降水转变为较均匀地利用各水源。

　　由图 10-16 可知，11 月，除印度木荷较为均匀地利用了各水源外，其余 4 种植物均

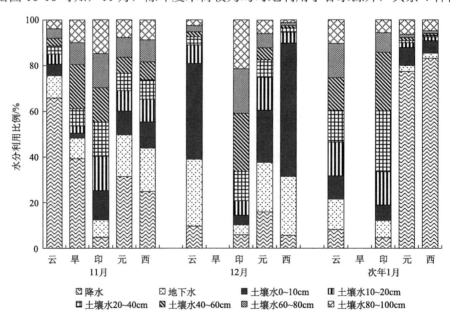

图 10-16　旱季乔木林地植物对各潜在水源的利用比例

云代表云南樟；旱代表旱冬瓜；印代表印度木荷；元代表元江栲；西代表西南山茶

以降水为主要水分来源，利用比例分别为 65.8%、39.2%、31.4%和 24.9%。12 月，除印度木荷主要利用 40～60cm 中层和深层土壤水外，其余 3 种植物均以 0～10cm 浅表层土壤水和浅层地下水为主要水分来源，其中以 0～10cm 浅表层土壤水的利用率最高。1 月，云南樟对降水、各土层水分和浅层地下水的利用比例相当。印度木荷主要利用 20～40cm 浅层和 40～60cm 中层土壤水，利用比例分别为 26.8%、25.6%。元江栲和西南山茶以降水为主要水分来源，利用比例分别为 77.5%、83.3%。

总的来说，在旱季，乔木林地植物主要利用降水和 0～10cm 浅表层土壤水，同时，对浅层地下水也有较高的利用率。云南樟由利用降水转变为较均匀地利用各水源；印度木荷由较均匀地利用各水源转变为主要利用 20～40cm 浅层和 40～60cm 中层土壤水；元江栲和西南山茶对降水和浅层地下水有着较高的利用率。

10.3.2　灌木林地植物对各潜在水源的利用比例

由图 10-17 可知，雨季前期，灌木林地两种植物水分主要来源于降水、0～20cm 浅表层土壤水，利用比例均高于 14%，其余深度土壤水和浅层地下水的贡献比例则约为 10%。其中以 4 月对降水的利用最高，利用比例分别为 23%、17.8%。

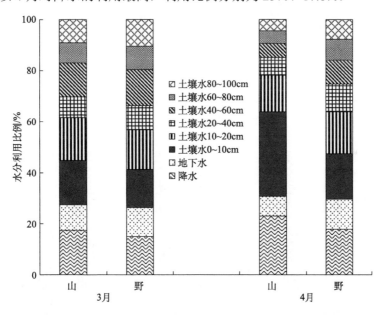

图 10-17　雨季前期灌木林地植物对各潜在水源的利用比例

山代表山橙；野代表野牡丹

由图 10-18 可知，雨季前期，5 月两种植物对降水的利用最高，利用比例分别为 29.9%、30.4%，其次是 0～10cm 浅表层土壤水，利用比例分别为 18.1%、18%，然后是 10～20cm 浅表层土壤水和浅层地下水，利用比例均高于 10%，其余深度土壤水的贡献比例均小于 10%。7 月，山橙主要利用浅层地下水和 0～10cm 浅表层土壤水，且对浅层地下水的利用显著高于其他水源(利用比例为 40.7%)，野牡丹则较均匀地利用各水源。总的来说，雨季前期，灌木林地植物以降水和 0～20cm 浅表层土壤水为主要来源，对浅层地下水也有一定的利用。

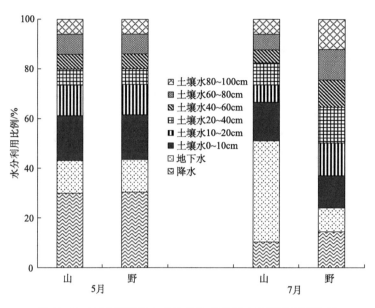

图 10-18　雨季前期灌木林地植物对各潜在水源的利用比例
山代表山橙；野代表野牡丹

　　由图 10-19 可知，雨季后期，8 月两种植物对降水和 0～20cm 浅表层土壤水的利用较其他各层土壤水和浅层地下水低，利用比例均小于 10%，在各土层中，以 40～60cm 中层土壤水的利用率最高，山橙和野牡丹的利用比例分别为 17.5%、16.5%。9 月，山橙

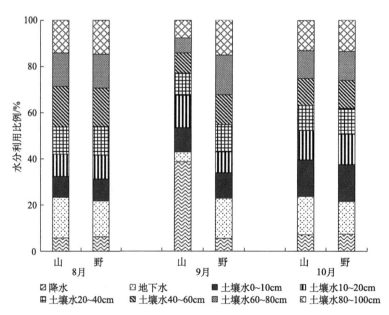

图 10-19　雨季后期灌木林地植物对各潜在水源的利用比例
山代表山橙；野代表野牡丹

以降水为主要水分来源，利用比例为 38.7%，野牡丹则主要利用 60～100cm 深层土壤水和浅层地下水。10 月，主要利用 0～10cm 浅表层土壤水和浅层地下水。总的来看，在雨季后期，灌木林地植物对降水的利用相对较少，而以各层土壤水和浅层地下水为主要水分来源。

由图 10-20 可知，旱季，11 月，灌木林地植物以降水为主要水分来源，山橙和野牡丹的利用比例分别为 62.2%、22%。12 月两种植物主要利用 0～10cm 浅表层土壤水和浅层地下水，其中以 0～10cm 浅表层土壤水的利用率最高，山橙和野牡丹的利用比例分别为 42.3%、39.1%。1 月，山橙以降水和 0～10cm 浅表层土壤水为主要水分来源，利用比例分别为 36.7%、53.6%。由以上可知，旱季灌木林地植物以降水和 0～10cm 浅表层土壤水为主要水分来源，同时也有利用浅层地下水的可能。

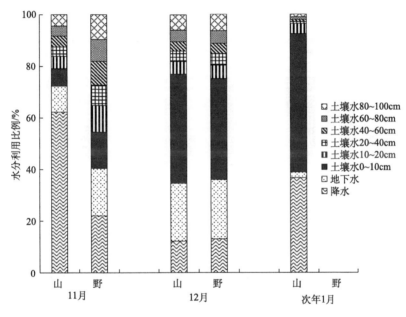

图 10-20　旱季灌木林地植物对各潜在水源的利用比例

山代表山橙；野代表野牡丹

10.4　哈尼梯田水源林不同植物水分利用差异

10.4.1　不同季节植物与各潜在水源利用比例对比分析

在季风气候区，季节更替直接影响生境的水分条件，从而促使植物为适应生存环境而改变其水分利用策略。总的来说，植物旱雨季水分来源变化较为明显，且因植被类型的不同存在较大差异(图 10-21)。在旱季和雨前，植物 δD 普遍接近 0～20cm 浅表层和20～40cm 表层土壤水以及浅层地下水，而在雨季(雨季前期和后期)，植物对不同深度土壤水、降水和浅层地下水都有不同程度的利用，水分利用策略较为灵活。说明哈尼梯田水源区植物在水分条件良好或恶劣的情况下，均有选择适宜水源的共性，但由于旱雨季降水量和气温的差异，不同植被类型下枯枝落叶层与土壤的厚度差异明显，且表层土壤湿度也存在较大的差异，从而可能使植物的水分利用策略存在差异。

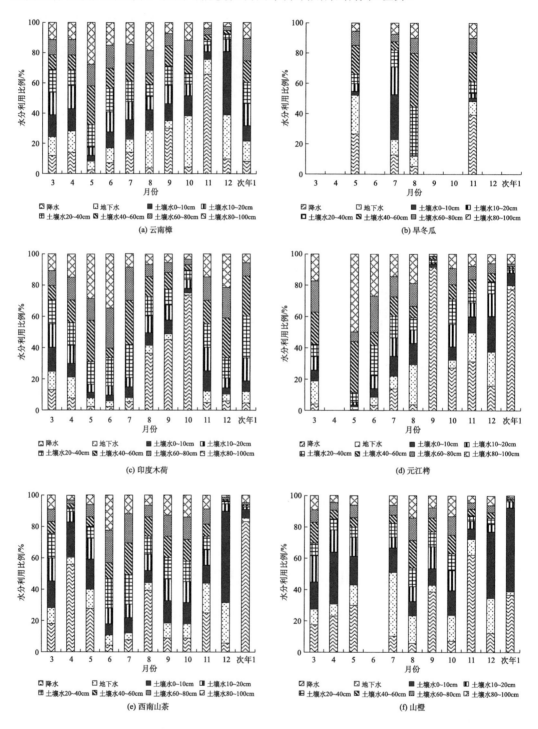

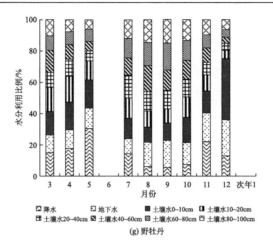

（g）野牡丹

图 10-21　哈尼梯田水源区优势植物不同时期水分来源的比例

　　虽然 7 种植物对降水的利用率不同，但均表现出明显的季节变化：除印度木荷对降水的利用表现为雨季大于旱季外，其余 6 种植物对降水的利用均表现为旱季大于雨季，在旱季，降水对云南樟、旱冬瓜、印度木荷、元江栲、西南山茶、山橙、野牡丹的贡献率分别为 21.92%、32.8%、7.22%、32.23%、37.54%、30.28%、16.95%，而在雨季，降水对这 7 种植物的贡献率分别为 10.28%、9%、27.48%、27.94%、16.13%、18.34%、12.80%。可见，哈尼梯田水源区降水对 7 种植物都有较高的贡献率，植物在利用土壤水和地下水的同时，也充分利用了降水。

　　土壤水作为植物最直接的水源，其水分含量的变化直接影响根系对水分的吸收。7 种植物对 0～10cm 浅表层土壤水的利用率均表现为旱季大于雨季，在旱季 0～10cm 浅表层土壤水对云南樟、旱冬瓜、印度木荷、元江栲、西南山茶、山橙、野牡丹的贡献率分别为 17.30%、4.1%、9.54%、12.00%、23.00%、30.66%、21.50%，而在雨季，0～10cm 浅表层土壤水对这 7 种植物的贡献率分别为 10.92%、18.6%、5.70%、8.38%、11.85%、13.80%、13.52%。云南樟、印度木荷和野牡丹对 10～20cm 浅表层土壤水的利用率也表现为旱季大于雨季，而旱冬瓜、元江栲、西南山茶、山橙则表现为雨季大于旱季。7 种植物对 20～100cm 浅层、中层和深层土壤水的利用率均表现为雨季大于旱季。总的来说，随着降水量的逐渐增多，哈尼梯田水源区 7 种植物对浅表层和浅层土壤水的利用比例逐渐降低，而对中深层土壤水的利用比例逐渐升高。

　　7 种优势植物对浅层地下水也有较高的利用率，但不同时段也有所不同。除旱冬瓜和山橙外，其余 5 种植物对浅层地下水的利用均表现为旱季大于雨季，在旱季浅层地下水对云南樟、旱冬瓜、印度木荷、元江栲、西南山茶、山橙、野牡丹的贡献率分别为 15.80%、17.45%、8.98%、14.35%、12.34%、10.50%、16.13%，而在雨季，浅层地下水对这 7 种植物的贡献率分别为 14.67%、16.7%、3.72%、8.96%、7.83%、18.50%、13.94%。可见，随着降水量逐渐增多，哈尼梯田水源区 7 种植物对浅层地下水的利用比例逐渐降低。

10.4.2　不同植物对各潜在水源利用比例对比分析

从植物水分来源的比例来看(图 10-22)，哈尼梯田水源区 7 种植物水分来源不完全相同，主要水分来源为降水和土壤水，其中降水的贡献率最大，浅表层土壤水次之，浅层地下水的贡献率与其他各层土壤水类似，利用率均在 10%左右。

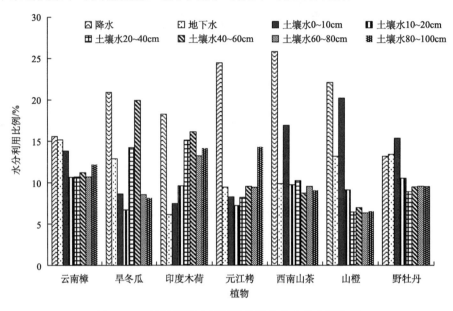

图 10-22　哈尼梯田水源区优势植物的水分来源比例

研究区的 7 种植物中，除野牡丹外，其余 6 种植物均以降水的贡献率最大，表明降水对各植物水分来源的补给具有明显优势。云南樟对各水源的利用相对平均，其中降水、浅表层土壤水和浅层地下水的贡献率相对较高，分别为 15.57%、15.18%、13.82%，其余各层土壤水的贡献率均在 10%左右。旱冬瓜的水分来源中，以降水和 40~60cm 中层土壤水的贡献率最高，分别为 20.9%、19.95%。印度木荷的水分来源中，以降水和 40~60cm 中层土壤水的贡献率最高，分别为 18.27%、16.11%；对浅层地下水的利用率最低，利用率仅为 6.11%；在各层土壤中，印度木荷对 20~80cm 中层和深层土壤水的利用率高于 0~20cm 浅表层土壤水，0~20cm 土壤水的贡献率均小于 10%，而 20~80cm 土壤水的贡献率均高于 10%。元江栲的主要水分来源为降水和 80~100cm 深层土壤水，贡献率分别为 26.91%、15.73%；在各层土壤中，从 10~20cm 土层开始，随着土层的加深，其对土壤水分的利用率逐渐增大。西南山茶和山橙的主要水源是降水和浅表层土壤水，贡献率分别为西南山茶(25.86%、16.92%)、山橙(24.31%、22.23%)。野牡丹的主要水源是降水、浅表层土壤水和浅层地下水，贡献率分别为 14.64%、17.07%、14.91%。

总体来看，云南樟较均匀地利用了各水源，水分利用策略较为灵活。旱冬瓜、印度木荷和元江栲主要利用降水和 20~100cm 中层和深层土壤水，西南山茶、山橙和野牡丹的主要水源是降水和 0~20cm 浅表层土壤水。7 种植物对浅层地下水也有不同程度的利用。

10.5 哈尼梯田水源林植物水分利用策略

植物水分利用策略受遗传机制与环境因子的共同作用，不同生长阶段同种植物根据不同生境呈现不同的响应和适应机制。利用氢氧稳定同位素技术研究分析植物水分利用来源，捕捉周围环境信息。

不同植物的水分利用策略不同，云南樟较均匀地利用了各水源，水分利用策略较为灵活；旱冬瓜、印度木荷和元江栲主要利用降水、20～100cm 中层和深层土壤水；西南山茶、山橙、野牡丹的主要水源是降水和 0～20cm 浅表层土壤水。

植物的水分利用策略与其根系分布存在密切的联系。一般来说，植物对水分的吸收受其根系分布的影响：浅根植物主要利用表层土壤水，而深根植物则主要利用深层土壤水和地下水。本节 7 种森林植物的根系分布不同，云南樟较均匀地利用了各层土壤水，旱冬瓜、印度木荷和元江栲主要利用 20～100cm 中层和深层土壤水，西南山茶、山橙、野牡丹的主要水源是 0～20cm 浅表层土壤水。证明哈尼梯田水源区植物水分吸收与其根系分布存在关系，也表明水源区植物根系存在显著的二形态特征。

季节变化是影响植物水分利用策略的重要因素。不同的季节，植物受水分胁迫程度不同，也会采取不同的水分利用方式。植物吸收和利用的水分主要来自降水、土壤水、地表径流和地下水，而降水则是其他三种水体的最初来源。哈尼梯田水源区 7 种植物降水利用率最大，其次为 0～10cm 土壤水，浅层地下水与其他各层土壤水的利用率均在 10%左右。在不同时段对各潜在水源的利用有明显变化，7 种植物对降水和浅层地下水的利用总体上表现为旱季大于雨季，且随着降水量的逐渐增多，对浅表层和浅层土壤水、浅层地下水的利用比例逐渐降低，而对中深层土壤水的利用比例逐渐升高。

不同植被类型下植物的水分利用策略也存在差异，乔木林地植物的水分来源较为广泛，对不同深度土壤水、降水和浅层地下水都有不同程度的利用，水分利用策略较为灵活；而灌木林地植物水分主要来源于降水和 0～10cm 浅表层土壤水，在降水相对较少的季节，植物可能面临严重的水分亏缺状况。

哈尼梯田水源区不同植物的水分利用策略不同，且与根系分布、季节变化相关。不同植被类型下植物的水分利用策略也存在差异，说明生境和群落类型等也会对植物的水分利用策略产生影响。

第 11 章 哈尼梯田生态系统各水体转化同位素联系

11.1 引 言

在陆地生态系统中，水分在水文循环的过程中形成不同的水体，而不同的水体之间存在着一定程度的互相转化。所以，研究区域内不同水体之间的互相转化过程能揭示流域的水循环机制、了解流域的水资源状况，为定量研究区域水循环模式及生态环境保护提供数据支持(宋献方等，2007b；徐学良等，2010；马迎宾，2019)。由于稳定同位素的分馏作用，水循环过程中不同的水体具有不同的 δD 和 $\delta^{18}O$，因此，可以通过研究水体的 δD 和 $\delta^{18}O$ 变化来示踪水体的水分来源、影响因子以及不同水体间的相互转化关系，从而揭示不同水体的形成、运移及补给机制(李广等，2015)。

国内外学者运用稳定同位素方法来分析不同水体间的相互转化关系的研究有很多，如陈亚宁(2014)通过对塔里木河源区和中下游不同水体的 δD、$\delta^{18}O$ 特征的系统研究，揭示了区域地表水与地下水之间的相互转化关系。Nakamura 等(2010)发现雨季河水和地下水主要来源于降水的补给，到了旱季，降水的补给变小，河水主要接受地下水的补给。徐学选等(2010)通过对比分析黄土丘陵区燕沟流域内降水、土壤水和地下水中的 δD、$\delta^{18}O$ 特征，揭示了该区降水-土壤水-地下水之间的相互转化关系。Peng 等(2012)阐明了台湾西北部山前台地降水、池塘水以及地下水之间相互转化的机制。Wang 等(2013)研究了黑河下游额济纳盆地内地下水的转化和水文化学演变特征。Xu 等(2013)分析指出三江平原地区的降水、地表水和地下水之间的水力联系良好。姚天次等(2016)揭示了岳麓山周边地区降水、地表水、浅层土壤水以及浅层地下水之间的相互转化规律。这些研究通过分析流域内土壤水、地表水、降水及地下水的 δD、$\delta^{18}O$ 特征，来明确不同水体之间的补给-排泄关系，揭示了流域的水循环特征，为区域水循环过程、水资源转化关系的深入研究奠定了坚实的基础。

哈尼梯田作为中国乃至世界古梯田的典型代表之一，水是维持其稳定的关键因素。麻栗寨河流域作为哈尼梯田的代表型流域，分析其不同水体的氢氧同位素组成特征及转化关系，有助于建立哈尼梯田区的生态系统水循环模式，是评价当地生态环境状况及水资源可持续发展的首要工作。因此，本章以哈尼梯田水源区(麻栗寨河流域上游)为研究对象，通过实地采集降水、地表水、土壤水、植物水及浅层地下水等参与水循环过程的各水体样品，深入分析流域内大气降水、土壤水、地下水、地表水以及植物水之间的相互转化，确定哈尼梯田水源区各水体的同位素水文特征及其循环规律，以期为哈尼梯田区森林-梯田复合生态系统水循环过程的定量研究、区域水资源转化关系的研究及科学管理、流域的可持续发展提供参考。

11.2　各水体的 δD 和 $\delta^{18}O$ 特征

哈尼梯田水源区大气降水与其典型森林(乔木林地、灌木林地和荒草地)中的土壤水、植物水、森林地表水、溪水及浅层地下水,以及水源林下方梯田区地表水(梯田渠水和梯田水)的 δD 和 $\delta^{18}O$ 的均值分布情况及其相互关系见图 11-1。在 2019 年 3 月~2020 年 2 月采样期间,大气降水 δD 和 $\delta^{18}O$ 的平均值分别为–75.18‰和–10.67‰,浅层地下水 δD 和 $\delta^{18}O$ 的平均值分别为–60.67‰和–8.74‰,土壤水 δD 和 $\delta^{18}O$ 的平均值分别为–70.48‰ 和–9.910‰,溪水 δD 和 $\delta^{18}O$ 的平均值分别为–64.77‰和–9.53‰,森林地表水 δD 和 $\delta^{18}O$ 的平均值分别为–59.65‰和–8.61‰,梯田渠水 δD 和 $\delta^{18}O$ 的平均值分别为–58.14‰和 –8.38‰,梯田水 δD 和 $\delta^{18}O$ 的平均值分别为–39.55‰和–5.00‰。

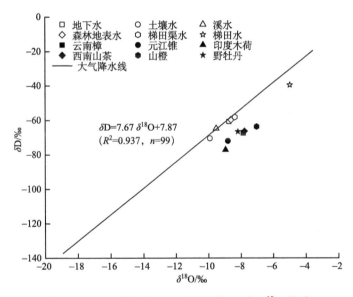

图 11-1　哈尼梯田水源区不同水体 δD 与 $\delta^{18}O$ 关系

从图 11-1 中可以看出,土壤水、浅层地下水(泉水)及地表水(森林地表水和溪水以及梯田区的梯田渠水和梯田水)的 δD 和 $\delta^{18}O$ 值靠近地区降水线,表明土壤水、浅层地下水(泉水)及地表水主要来自大气降水。地表水中的森林地表水、溪水以及梯田区的梯田渠水的 δD 和 $\delta^{18}O$ 值也接近浅层地下水 δD 和 $\delta^{18}O$ 值,表明哈尼梯田水源区的溪水和梯田渠水的主要来源是该区土壤水、浅层地下水以及大气降水的混合体。而地表水中梯田水的 δD 和 $\delta^{18}O$ 位于大气降水线下方,但离土壤水、浅层地下水及其他类型地表水相对较远,表明哈尼梯田水源区下的梯田水的补给来源较为复杂,且受多重因素的影响,其水分不仅来源于该地区的大气降水、土壤水及浅层地下水的混合体,还受其他类型的地表水以及其他未知水源的影响。浅层地下水的 δD 和 $\delta^{18}O$ 与林地地表水的 δD 和 $\delta^{18}O$ 较为接近,且位于 LMWL 的下方,哈尼梯田水源区的浅层地下水主要来源于大气降水和林地地表水。哈尼梯田水源林中植物水的 δD 和 $\delta^{18}O$ 位于 LMWL 的下方并接近土壤

水的 δD 和 $\delta^{18}O$ 值，表明降水在水分运移过程中受到蒸发作用的影响，且水源林中的植物主要吸收及利用该地区的大气降水和土壤水。

11.3 区域各水体转化的同位素联系

11.3.1 大气降水-地表水-浅层地下水转化关系

哈尼梯田水源区大气降水 δD 和 $\delta^{18}O$ 的关系式为：$\delta D=7.67\delta^{18}O+7.87$（$P<0.001$，$R^2=0.937$，$n=99$）；浅层地下水（泉水）$\delta D$ 和 $\delta^{18}O$ 的关系式为：$\delta D=4.54\ \delta^{18}O-20.99$（$P<0.001$，$R^2=0.865$，$n=13$）；地表水 δD 和 $\delta^{18}O$ 的关系式为：$\delta D=5.57\ \delta^{18}O-11.62$（$P<0.001$，$R^2=0.970$，$n=387$）。

由图 11-2 可以看出，地表水的 δD 和 $\delta^{18}O$ 在该地区的 LMWL（区域大气降水线）之下，并且与浅层地下水线较为接近，表明地表水在接受大气降水补给的同时，也接受了一定程度的浅层地下水对它的补给。浅层地下水的 δD 和 $\delta^{18}O$ 集中分布在 LMWL 以及地表水线的下方，表明浅层地下水主要来自当地的大气降水，且地表水对浅层地下水也有一定的补给作用。

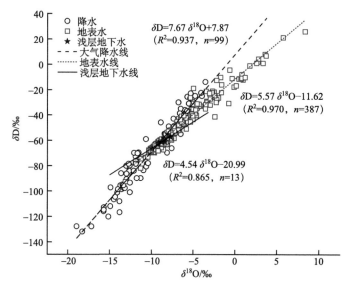

图 11-2 哈尼梯田水源区不同水体 δD 与 $\delta^{18}O$ 的关系

11.3.2 大气降水-土壤水-浅层地下水转化关系

研究区降水-土壤水-浅层地下水氢氧同位素关系如图 11-3 所示。由图 11-3(a) 可知，乔木林、灌木林和荒草地内土壤水的 δD 和 $\delta^{18}O$ 值及浅层地下水的 δD 和 $\delta^{18}O$ 值均位于当地大气降水线之下，表明降水是它们的主要补给来源，且受到了一定程度的蒸发作用的影响。

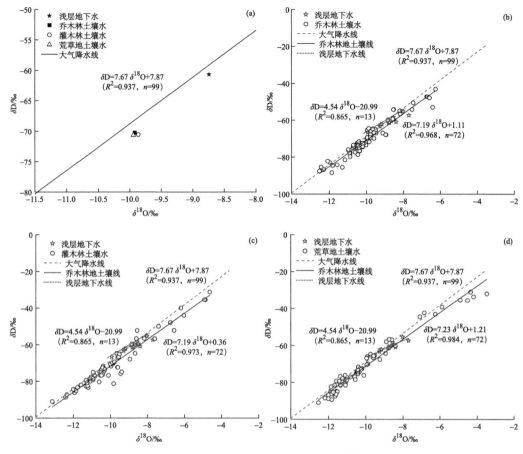

图 11-3　降水-土壤水-浅层地下水 δD 和 δ^{18}O 的关系

从图 11-3(b)～图 11-3(d)中可知，乔木林地、灌木林地和荒草地土壤水的 δD 和 δ^{18}O 值均落在该地区大气降水线下方及浅层地下水左侧，表明 3 种林地的土壤水均受大气降水的补给，3 种土地利用类型土壤水线的斜率和截距比同时期大气降水低，表明其在水分运移过程中受蒸发作用的影响。3 种土地利用类型土壤水的 δD 和 δ^{18}O 值均比浅层地下水的 δD 和 δ^{18}O 值低（贫化），表明降水通过入渗补给浅层地下水，其主要补给转化关系为：降水→土壤水→浅层地下水。

11.3.3　大气降水-土壤水-植物水转化关系

图 11-4 显示了哈尼梯田水源林中云南樟等 6 种植物的 δD、δ^{18}O 与大气降水及土壤水 δD 和 δ^{18}O 之间的关系。

云南樟植物水 δD 和 δ^{18}O 关系式为：δD= 4.58 δ^{18}O−31.43（$P<0.001$，$R^2=0.903$，$n=11$）；

印度木荷植物水 δD 和 δ^{18}O 关系式为：δD= 5.40 δ^{18}O−28.80（$P<0.001$，$R^2=0.899$，$n=11$）；

元江栲植物水 δD 和 δ^{18}O 关系式为：δD= 5.58 δ^{18}O−22.98（$P<0.001$，$R^2=0.915$，$n=10$）；

西南山茶植物水 δD 和 δ^{18}O 的关系式为：δD= 5.75 δ^{18}O−21.58（$P<0.001$，$R^2=0.858$，$n=11$）；

山橙植物水 δD 和 δ^{18}O 的关系式为：δD= 5.79 δ^{18}O−22.94（$P<0.001$，$R^2=0.852$，$n=10$）；

野牡丹植物水 δD 和 δ^{18}O 关系式为：δD= 4.61 δ^{18}O−28.90（$P=0.004$，$R^2=0.715$，$n=9$）。

这 6 种植物水的氢氧同位素组成皆表现出极显著的线性关系。

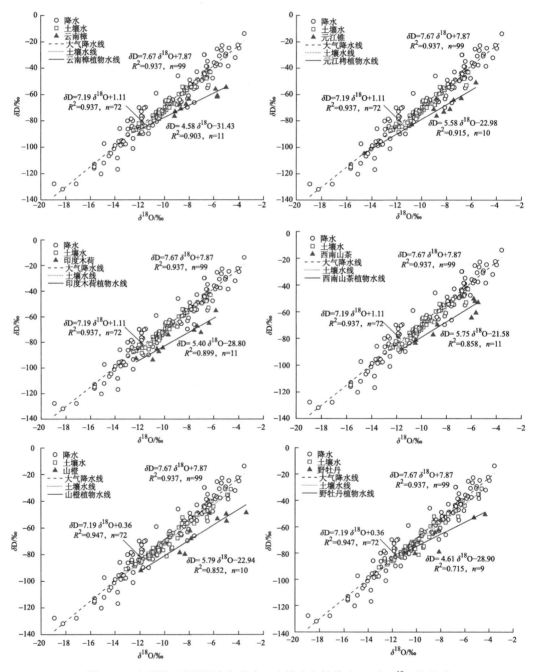

图 11-4　哈尼梯田水源区大气降水、土壤水和植物水 δD 与 δ^{18}O 的关系

从图 11-4 中可以看出,土壤水位于该地区降水线下且与降水线非常靠近,说明降水是土壤水的主要补给来源。6 种植物水线均在大气降水线和土壤水线的下方,进一步说明哈尼梯田水源林中 6 种植物的水分主要来源于大气降水和土壤水。

11.3.4　不同尺度下各水体之间的转化关系

哈尼梯田水源区水体种类较多,且各类型水体交错广泛分布且存在时间及空间上的联系,因此,区域内水体之间的转化循环甚为复杂。在大尺度即流域范围内水体之间的转化关系主要包括大气降水-地表水-浅层地下水之间的相互转换以及大气降水-土壤水-浅层地下水-地表水之间的相互转换(图 11-5)。

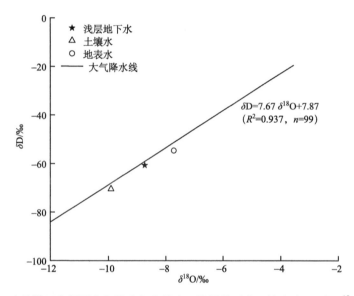

图 11-5　哈尼梯田水源区大气降水与土壤水、浅层地下水、地表水 δD 与 $\delta^{18}O$ 的关系

由图 11-5 可知,土壤水、浅层地下水及地表水的 δD、$\delta^{18}O$ 值靠近地区降水线,表示它们主要来自大气降水;浅层地下水的 δD 和 $\delta^{18}O$ 值介于土壤水和地表水的 δD 和 $\delta^{18}O$ 值之间,且根据前面的分析可知,浅层地下水来源于降水、地表水和土壤水,地表水来源于降水、土壤水和浅层地下水,均为多种水的混合体,表明土壤水、浅层地下水及地表水之间存在相互补给关系。

哈尼梯田水源区主要由森林生态系统和梯田(湿地)生态系统组成,所以在小尺度即生态系统范围内水体之间的转化关系主要包括:森林生态系统中,降水-土壤水-浅层地下水、降水-森林地表水-浅层地下水、降水-土壤水-植物水、降水-土壤水-浅层地下水-溪水之间的相互转换;梯田(湿地)生态系统中,降水-土壤水-浅层地下水-溪水、降水-土壤水-浅层地下水-溪水-梯田渠水、降水-土壤水-浅层地下水-溪水-梯田水、降水-梯田渠水-梯田水-溪水之间的相互转换。综合前面的研究可知,哈尼梯田水源区水体之间的转化循环较为复杂,大气降水是其他各类水体的初始补给源,溪水、梯田渠水和梯田水的主要来源是该区土壤水、浅层地下水以及大气降水的混合体,区域内的土壤水、溪水、浅层地下水、梯田渠水和梯田水之间存在着密切的水力联系。

11.4　区域各水体之间的转化比例

　　研究区内不同水体之间的相互转化关系错综复杂且补给途径不是单一的，区域内的水循环过程如下：首先，一部分大气降水以地表径流的形式补给溪水及梯田水，一部分则以下渗的方式对土壤水和浅层地下水（泉水）进行补给；其次，土壤水、浅层地下水、梯田水以及溪水四者之间又互相补给、相互转化；最后土壤水、溪水以及梯田水再通过蒸发作用回到大气中。总的来说，各水体通过水循环有机联系在一起并相互补给、相互转化。本节利用 Iso Source 模型来计算研究区各水体之间的转化补给比例，本次计算中降水、浅层地下水、土壤水、溪水、森林地表水、梯田渠水、梯田水、植物水均取其平均值，全年分别为–75.18‰、–60.67‰、–70.48‰、–64.77‰、–59.65‰、–58.14‰、–39.55‰、–68.97‰；雨季分别为–83.740‰、–59.90‰、–76.49‰、–65.80‰、–62.71‰、–61.33‰、–48.05‰、–76.70‰–；旱季分别为–47.66‰、–61.32‰、–64.48‰、–63.66‰、–55.51‰、–54.95‰、–29.57‰、–59.38‰。各水体之间的转化补给比例见表 11-1。

表 11-1　区域内各水体的水源贡献率　　　　　　　　（单位：%）

贡献率类型	时间段	降水	浅层地下水	土壤水	溪水	森林地表水	梯田渠水	梯田水	植物水
对降水的贡献率	旱季		9.5	8.6	8.8	11.7	12	39.4	10.1
对浅层地下水的贡献率	全年	12.2		14.1	20.6	17.3	20.9	14.8	—
	旱季	4.3		41.8	8.3	36	7.8	1.9	—
	雨季	6.5		8.2	16.4	13.5	18.2	37.3	—
对土壤水的贡献率	全年	68.5	12		—	19.5	—	—	—
	雨季	67.3	19		—	13.7	—	—	—
对溪水的贡献率	全年	23.5	16.3	23.9		15.3	14.3	6.7	—
	旱季	1.1	8.5	82.6		3.4	4	0.4	—
	雨季	15.2	17.4	18		18.8	18.1	12.5	—
对森林地表水的贡献率	旱季	48.4	20.1	16.3	15.2		—	—	—
	雨季	2.7	70.6	5.7	21		—	—	—
对梯田渠水的贡献率	全年	10.4	18.1	12.1	15.2	19.1		25.1	—
	旱季	16.8	18.4	17.2	17.7	20.2		9.7	—
	雨季	7.3	22.7	9.1	15	18.7		27.2	—
对植物水的贡献率	全年	28.7	29.2	42.1	—	—	—	—	
	旱季	22.7	40.6	36.7	—	—	—	—	
	雨季	39.5	16	44.5	—	—	—	—	

注：—为无数值。

　　由表 11-1 可知，在哈尼梯田水源区，全年尺度和雨季各水源对降水的贡献率无法计算出结果，说明雨季各水源对降水的补给不明显。而在旱季，该地各水源（水汽）对降水的贡献中, 梯田水最大, 贡献率高达 39.4%, 而其余各水源的贡献率在 8.6%～12%。这表明研究区大面积梯田水水汽的蒸发对当地的水汽循环及大气降水的贡献有着不可替代的作用。由于实验所采集的土壤位于研究区上方的水源林, 故土壤水的补给来源主要包括降水、浅层地下水和森林地表水, 由表 11-1 可知, 研究区的土壤水主要接受大气降水的补给, 其贡献率高达 68.5%(全年)、67.3%(雨季), 3 种水源中, 以浅层地下水的贡献率最低, 年尺度上的贡献率为 12%, 即降水是土壤水的主要来源, 且通过土壤入渗补给浅层地下水, 它们主要的补给转化关系为: 降水→土壤水→浅层地下水。

由前面的分析可知, 浅层地下水的补给来源主要包括降水、土壤水、森林地表水、溪水、梯田渠水和梯田水, 在年尺度上, 森林地表水和梯田渠水是浅层地下水的主要贡献者, 贡献率均大于 20%; 在旱季, 浅层地下水主要来源于土壤水和森林地表水, 贡献率分别为 41.8%、36%; 而在雨季, 梯田水对浅层地下水的补给比例最大, 贡献率为 37.3%。

森林地表水的主要补给来源包括降水、浅层地下水、土壤水和溪水, 其补给来源也存在明显的季节差异, 在旱季, 溪水主要来源于降水, 贡献率高达 48.4%, 而在雨季, 则主要来源于浅层地下水(贡献率为 70.6%)。溪水在年尺度上, 主要来源于降雨和土壤水, 贡献率分别为 23.5%、23.9%, 梯田水对溪水的贡献最小(贡献率为 6.7%); 在旱季, 土壤水是溪水最大的贡献者(贡献率为 82.6%); 而在雨季, 除梯田水的贡献率相对低外(贡献率为 12.5%), 其余各水源对溪水的贡献率相对平均, 均在 15.2%～18.8%。这在一定程度上也说明了哈尼梯田水源区溪水的主要来源是该区土壤水、浅层地下水以及大气降水的混合体。在年尺度上, 梯田渠水的最大贡献者是梯田水(贡献率为 25.1%), 其余各水源对梯田渠水的贡献率相对平均, 均在 10.4%～19.1%; 在雨季, 除梯田水对梯田渠水的贡献率最大(贡献率为 27.2%)外, 浅层地下水也是它的主要来源(贡献率为 22.7%); 而在旱季, 梯田水的贡献率降低, 为所有水源中最低的(贡献率为 9.7%), 其余各水源的贡献率相对平均, 均在 16.8%～20.2%。因此, 说明研究区的梯田渠水与梯田水之间存在明显的转化补给关系。在年尺度上, 土壤水对植物水分的贡献率最高, 其水源贡献率为 42.1%; 在旱季, 浅层地下水和土壤水是植物水的主要来源, 水源贡献率分别为 40.6%、36.7%; 而在雨季, 当季降水和土壤水是植物水的主要来源, 水源贡献率分别为 39.5%、44.5%。

为更加直接地理解区域各水体之间的补给转化关系, 将森林地表水、溪水、梯田渠水和梯田水统归为地表水(即从流域尺度计算), 降水、浅层地下水、土壤水、地表水和植物水取平均值, 全年分别为 −75.18‰、−60.67‰、−70.48‰、−54.64‰、−68.97‰, 旱季分别为 −47.66‰、−61.32‰、−64.48‰、−49.93‰、−59.38‰, 雨季分别为 −83.74‰、−59.90‰、−76.49‰、−58.77‰、−76.70‰。在旱季, 该地各水源对降水的贡献中, 地表水是最大的贡献者, 贡献率高达 32%, 而其余各水源的贡献在 18.1%～29.4%。根据前面关于浅层地下水的补给来源分析和表 11-2 可知, 由降水转化为浅层地下水的过程中, 在年尺度上以地表水的贡献率最大(贡献率为 66.4%), 且各水源对浅层地下水的补给存在较为明显的季节差异, 旱季浅层地下水主要来源于土壤水, 贡献率高达 80.5%; 而在雨季, 浅层地下水主要接受地表水的补给, 贡献率高达 94%。由于流域尺度上地表水的氢氧同位素值为区域内 4 种类型水体的平均值, 而梯田水由于受蒸发作用的影响较大, 其同位素值较偏正，从而导致流域尺度上地表水的同位素值较为偏正，所以在年尺度上和雨季各水源对地表水的贡献率无法计算出结果。在旱季，区域内的地表水主要来源于降水的补给，其贡献率高达 85.5%，进一步表明区域内降水和地表水之间存在紧密的补给转化关系。

表 11-2　流域尺度下各水体的水源贡献率　　　　　　（单位：%）

贡献率类型	时间段	降水	浅层地下水	地表水	土壤水	植物水
对降水的贡献率	旱季		20.5	32	18.1	29.4
对浅层地下水的贡献率	全年	15		66.4	18.6	—
	旱季	14		5.5	80.5	—
	雨季	1		94.0	5.0	—
对地表水的贡献率	旱季	85.5	5.5		9.0	

注：一为无数值。

总的来说，哈尼梯田水源区水体之间的转化循环较为复杂，大气降水是其他各水体的初始补给源，土壤水主要接受大气降水的补给(贡献率最高可达 68.5%)；各水源对浅层地下水的补给存在较为明显的季节差异，旱季浅层地下水主要来源于土壤水(贡献率高达 80.5%)，而在雨季，浅层地下水主要接受地表水的补给(贡献率高达 94%)；地表水主要来源于降水的补给(贡献率最高可达 85.5%)；植物水的补给来源中，土壤水的贡献率最高，其补给来源也存在显著的季节变化，在旱季，浅层地下水和土壤水是植物水的主要来源(水源贡献率分别为 40.6%、36.7%)，而在雨季，当季降水和土壤水是植物水的主要来源(贡献率分别为 39.5%、44.5%)；本地各水源(水汽)对降水的贡献中，地表水是最大的贡献者(贡献率高达 32%)，而 4 种类型的地表水中，梯田水的贡献率最高(贡献率可达 39.4%)。区域内的降水、土壤水、溪水、浅层地下水、梯田渠水和梯田水之间存在着密切的水力联系。

11.5　与其他区域的对比

通过对哈尼梯田水源区中土壤水、植物水、地下水、地表水(溪水、森林地表水、梯田渠水、梯田水)及大气降水等不同水体的 δD 和 $\delta^{18}O$ 的对比分析可知，土壤水、浅层地下水(泉水)及地表水主要来自大气降水，且地表水中的溪水、梯田渠水以及梯田水的主要来源是该区土壤水、浅层地下水以及大气降水的混合体。这也表明研究区的地表水、土壤水和地下水之间存在紧密的水力联系。姚天次等(2016)在湘江流域的研究也得到类似的结果，其研究指出：区域的地表水、浅层土壤水和地下水的主要补给水源为降水，降水在补给的过程中不仅发生蒸发分馏，还与其他水体之间产生交换混合。姚俊强等(2016)在呼图壁河流域的研究也指出，河水和积雪融水与地下水有密切的水力联系。张荷惠子等(2019)研究了黄土丘陵沟壑区小流域不同水体的 δD 和 $\delta^{18}O$ 组成特征，证明了研究区的"降水-河水-浅层地下水"之间存在良好的相互转化关系。陈星等在安徽淮北临涣矿区的研究也指出,河水、沉陷积水的主要补给来源是大气降水。刘澄静等的研究指出,在整个水稻生长期内,区域内很多梯田都以降水补给为主,很少的梯田一直接受地下水的补给,且这两种不同水分来源的梯田镶嵌分布在整个区域内,并成为水源相互补给。这些研究与本节研究一样,均证明了区域内各水体之间有密切的水力联系。

进入土壤中的降水,有的通过表层土壤蒸发回到大气中,有的被植物根系吸收利用之后再通过蒸腾作用回到大气中,有的则顺着土壤中的孔隙运移到更深层的土壤中。因此,大气降水、土壤水和植物水之间也存在着密切的转化关系。哈尼梯田水源林中乔木及灌木的植物水线均分布在 LMWL 之下,且与土壤水线较为接近,表明植物所利用的水分主要来自土壤水和降水,且在吸收利用之前受到了一定程度的蒸发分馏作用。容丽等(2012)对荔波喀斯特森林的研究表明,植物木质部的水分来源于土壤水和表层岩溶水。吕婷等(2017)对黄土丘陵区典型天然灌丛和人工灌丛的研究也指出,植物木质部的水分来源于降水和土壤水。冀春雷(2011)在卧龙亚高山森林的研究表明,优势植物的水分主要来源于降水和 60～80cm 的深层土壤水。这些研究与本节研究均证明了在大气降水、土壤水和植物水之间存在着密切的转化关系。

11.6　小　　结

(1)哈尼梯田水源区水体之间的转化循环较为复杂。区域内的土壤水、浅层地下水(泉水)及地表水主要来自大气降水,且它们之间存在着密切的水力联系。降水可以通过在林地土壤中的入渗过程补给浅层地下水,溪水和梯田渠水的主要来源是该区土壤水、浅层地下水以及大气降水的混合体;梯田水不仅来源于该地区的大气降水、土壤水及浅层地下水的混合,还受其他类型的地表水以及其他未知水源的影响;水源林中 6 种植物的水分主要来源于大气降水和土壤水。

(2)大气降水对土壤水的贡献率最高可达 68.5%,浅层地下水的补给来源存在较为明显的季节差异,旱季浅层地下水主要来源于土壤水(贡献率高达 80.5%),而在雨季,浅层地下水主要接受地表水的补给(贡献率高达 94%);地表水主要来源于降水的补给(贡献率最高可达 85.5%);植物水的补给来源中,土壤水的贡献率最高,其补给来源也存在显著的季节变化:在旱季,浅层地下水和土壤水是植物水的主要来源(水源贡献率分别为 40.6%、36.7%),而在雨季,降水和土壤水是植物水的主要来源(贡献率分别为 39.5%、44.5%)。本地各水源对降水的贡献中,地表水是最大的贡献者(贡献率高达 32%),而 4 种类型的地表水中,梯田水的贡献率最高(贡献率可达 39.4%)。

参 考 文 献

曹燕丽, 卢琦, 林光辉. 2002. 氢稳定性同位素确定植物水源的应用与前景. 生态学报, 22(1): 111-117.

陈蝶, 卫伟, 陈利顶, 等. 2016. 梯田生态系统服务与管理研究进展. 山地学报, 34(3): 374-384.

陈建生, 赵洪波, 詹泸成. 2016. 赤水林区旱季雾水对地表径流的水量贡献. 水科学进展, 27(3): 377-384.

陈琴, 李名扬, 李月臣, 等. 2019. 山地乡村景观研究进展. 重庆师范大学学报(自然科学版), 36(1): 119-128.

陈亚宁. 2014. 中国西北干旱区水资源研究. 北京: 科学出版社.

程立平, 刘文兆. 2012. 黄土塬区几种典型土地利用类型的土壤水稳定同位素特征. 应用生态学报, 23(3): 651-658.

段德玉, 欧阳华. 2007. 稳定氢氧同位素在定量区分植物水分利用来源中的应用. 生态环境, 16(2): 655-660.

段兴凤, 宋维峰, 李健, 等. 2011a. 云南省元阳梯田水源区森林土壤入渗特性研究. 水土保持通报, 31(4): 47-52.

段兴凤, 宋维峰, 李英俊, 等. 2011b. 湖南紫鹊界、云南元阳及广西龙脊古梯田研究进展. 亚热带水土保持, 23(1): 31-35.

高德强. 2017. 鼎湖山典型森林水文过程氢氧稳定同位素特征研究. 北京: 中国林业科学研究院博士论文.

高峰, 胡继超, 卞赞. 2007. 国内外土壤水分研究进展. 安徽农业科学, 35(34): 11146-11148.

葛梦玉, 渠俊峰, 王坤, 等. 2018. 邹城市东滩矿区不同水体氢氧稳定同位素特征分析. 煤炭学报, 43(S1): 283-289.

郭亚莉. 2007. 退耕还林(草)工程与梯田关联生态效益分析——以宁夏隆德县为例. 安徽农业科学, 35(15): 4611-4613.

侯甬坚. 2007. 红河哈尼梯田形成史调查和推测. 南开学报(哲学社会科学版), (3): 53-61, 112.

姬婷. 2007. 中国南北方梯田景观研究: 以山西大寨和云南元阳为例. 北京: 北京大学硕士学位论文.

冀春雷. 2011. 基于氢氧同位素的川西亚高山森林对水文过程的调控作用研究. 北京: 中国林业科学研究院硕士学位论文.

角媛梅, 杨有洁, 胡文英, 等. 2006. 哈尼梯田景观空间格局与美学特征分析. 地理研究, 25(4): 624-632.

角媛梅. 2009. 哈尼梯田自然与文化景观生态研究. 北京: 中国环境科学出版社.

康玲玲, 鲍宏喆, 刘立斌, 等. 2005. 黄土高原不同类型区梯田蓄水拦沙指标的分析与确定. 中国水土保持科学, 3(2): 51-56.

李博, 阎凯, 付登高, 等. 2016. 滇中地区4种覆被类型地表径流的氮磷流失特征. 水土保持学报, 30(2): 50-55.

李凤博, 蓝月相, 徐春春, 等. 2012. 梯田土壤有机碳密度分布及影响因素. 水土保持学报, 26(1): 179-183.

李广, 章新平, 张立峰, 等. 2015. 长沙地区不同水体稳定同位素特征及其水循环指示意义. 环境科学,

(6): 2094-2101.

李龙, 姚云峰, 秦富仓. 2014. 内蒙古赤峰梯田土壤有机碳含量分布特征及其影响因素. 生态学杂志, 33(11): 2930-2935

李佩成, 等. 2019. 水文生态学概论. 北京: 科学出版社.

李仕华. 2011. 梯田水文生态及其效应研究. 西安: 长安大学博士学位论文.

林光辉. 2013. 稳定同位素生态学. 北京: 高等教育出版社.

刘澄静, 角媛梅, 刘志林, 等. 2018. 哈尼梯田区降水稳定氢氧同位素的旱雨季变化特征及其影响因素. 山地学报, 36(4): 519-526.

刘君, 卫文, 张琳, 等. 2012. 土壤水 D 和 ^{18}O 同位素在揭示包气带水分运移中的应用. 勘察科学技术, 5: 38-43.

刘璐, 贾国栋, 余新晓, 等. 2017. 北京山区侧柏林生长旺季蒸散组分 δ^{18}O 日变化及其定量区分. 北京林业大学学报, 39(12): 61-70.

刘文杰, 李鹏菊, 李红梅, 等. 2006. 西双版纳热带季节雨林林下土壤蒸发的稳定性同位素分析. 生态学报, 26(5): 1303-1311.

刘文杰, 张一平, 刘玉洪, 等. 2003. 热带季节雨林与人工橡胶林林冠截留雾水的比较研究. 生态学报, 23(11): 2379-2386.

刘晓燕, 王富贵, 杨胜天, 等. 2014. 黄土丘陵沟壑区水平梯田减沙作用研究. 水利学报, 45(7): 793-800.

刘宗滨, 宋维峰, 马菁. 2016. 红河哈尼梯田空间分布特征研究. 西南林业大学学报, 36(3): 153-157.

柳思勉, 田大伦, 项文化, 等. 2015. 间伐强度对人工杉木林地表径流的影响. 生态学报, 35(17): 5769-5775.

吕婷, 赵西宁, 高晓东, 等. 2017. 黄土丘陵区典型天然灌丛和人工灌丛优势植物土壤水分利用策略. 植物生态学报, 41(2): 175-185.

马菁, 宋维峰, 吴锦奎, 等. 2016. 元阳梯田水源区林地降水与土壤水同位素特征. 水土保持学报, 30(2): 243-248, 254.

马菁. 2016. 元阳梯田水源区土壤水分平均滞留时间研究. 昆明: 西南林业大学硕士学位论文.

马迎宾. 2019. 基于氢氧同位素的汤浦水库库区淡水湿地森林水文过程研究. 北京: 中国林业科学研究院博士学位论文.

毛廷寿. 1986. 梯田史料. 中国水土保持, (1): 31-32.

祁长雍, 王威. 2000. 梯田工程技术. 兰州: 兰州大学出版社.

邱宇洁, 许明祥, 师晨迪, 等. 2014. 陇东黄土丘陵区坡改梯田土壤有机碳累积动态. 植物营养与肥料学报, 20(1): 87-98.

容丽, 王世杰, 俞国松, 等. 2012. 荔波喀斯特森林 4 种木本植物水分来源的稳定同位素分析. 林业科学, 48(7): 14-22.

石辉, 刘世荣. 赵晓广. 2003. 稳定性氢氧同位素在水分循环中的应用. 水土保持学报, 17(2): 163-166.

宋维峰, 吴锦奎. 2016. 哈尼梯田——历史现状、生态环境、持续发展. 北京: 科学出版社.

宋献方, 李发东, 于静洁, 等. 2007a. 基于氢氧同位素与水化学的潮白河流域地下水水循环特征. 地理研究, 26(1): 11-21.

宋献方, 刘相超, 夏军, 等. 2007b. 基于环境同位素技术的怀沙河流域地表水和地下水转化关系研究. 中国科学(D 辑: 地球科学), 37(1): 102-110.

谭宁. 2012. 龙脊古梯田稳定性及水循环系统研究. 宜昌: 三峡大学硕士学位论文.

田超. 2015. 基于稳定同位素技术的森林水文过程研究——以黄河小浪底库区大沟河与砚瓦河流域为例. 北京: 中国林业科学研究院博士学位论文.

田立德, 姚檀栋, 蒲健辰, 等. 1997. 拉萨夏季降水中氧稳定同位素的变化特征. 冰川冻土, 19(4): 295-301.

田立德, 姚檀栋, 孙维贞, 等. 2002. 青藏高原中部土壤水中稳定同位素变化. 土壤学报, 39(3): 289-295.

王平元, 刘文杰, 李金涛, 等. 2009. 西双版纳热带雨林树种斜叶榕 F. tinctoria 水分利用方式的季节变化. 云南大学学报(自然科学版), 31(3): 304-310.

王清华. 1999. 梯田文化论——哈尼族生态农业. 昆明: 云南大学出版社.

王星光. 1990. 中国古代梯田浅探. 郑州大学学报(哲学社会科学版), (3): 103-107.

王卓娟, 宋维峰, 吴锦奎, 等. 2016. 元阳梯田水源区旱冬瓜水分来源. 广西植物, 36(6): 713-719, 734.

吴家兵, 裴铁璠. 2002. 长江上游、黄河上中游坡改梯对其径流及生态环境的影响. 国土与自然资源研究, (1): 59-61.

解明曙, 庞薇. 2007. 水土保持系统工程是我国山丘区建设新农村的生命线工程. 中国水土保持, (5): 5-8.

徐福荣, 汤翠凤, 余腾琼, 等. 2010. 中国云南元阳哈尼梯田种植的稻作品种多样性. 生态学报, 30(12): 3346-3357.

徐飘, 唐咏春, 张思思, 等. 2020. 基于氢氧稳定同位素的澜沧江流域水体来源差异分析. 中国农村水利水电, (2): 44-50.

徐庆, 安树青, 刘世荣, 等. 2005. 四川卧龙亚高山暗针叶林降水分配过程的氢稳定同位素特征. 林业科学, 41(4): 7-12.

徐庆, 蒋有绪, 刘世荣, 等. 2007a. 卧龙巴郎山流域大气降水与河水关系的研究. 林业科学研究, 20(3): 297-301.

徐庆, 刘世荣, 安树青, 等. 2007b. 四川卧龙亚高山暗针叶林土壤水的氢稳定同位素特征. 林业科学, 43(1): 8-14.

徐学选, 张北赢, 田均良. 2010. 黄土丘陵区降水-土壤水-地下水转化实验研究. 水科学进展, 21(1): 16-22.

颜佩珊. 2018. 河北省涉县旱作梯田传统农业文化挖掘与保护传承. 南京: 南京农业大学硕士学位论文.

杨开宝, 郭培才. 1994. 梯田田坎水分耗散及其对作物产量的影响初探. 水土保持通报, 14(4): 43-47.

姚俊强, 刘志辉, 郭小云, 等. 2016. 呼图壁河流域水体氢氧稳定同位素特征及转化关系. 中国沙漠, 36(5): 1443-1450.

姚敏, 崔保山. 2006. 哈尼梯田湿地生态系统的垂直特征. 生态学报, 26(7): 2115-2124.

姚天次, 章新平, 李广, 等. 2016. 湘江流域岳麓山周边地区不同水体中氢氧稳定同位素特征及相互关系. 自然资源学报, 31(7): 1198-1210.

姚云峰, 王礼先. 1991. 我国梯田的形成与发展. 中国水土保持, (6): 54-56.

殷庆元, 王章文, 谭琼, 等. 2015. 金沙江干热河谷坡改梯及生物地埂对土壤可蚀性的影响. 水土保持学报, 29(1): 41-47.

于静洁, 宋献方, 刘相超, 等. 2007. 基于 δD 和 $\delta^{18}O$ 及水化学的永定河流域地下水循环特征解析. 自然资源学报, 22(3): 415-423.

余新晓. 2013. 森林生态水文研究进展与发展趋势. 应用基础与工程科学学报, 21(3): 391-402.

余新晓. 2015. 生态水文学前沿. 北京: 科学出版社.

元阳县地方志编纂委员会. 2009. 元阳县志 1978—2005. 昆明: 云南民族出版社.

袁正科. 2015. 退化山地的生态系统恢复. 长沙: 湖南师范大学出版社.

张贵玲. 2016. 哈尼梯田麻栗寨河流域降水氢氧同位素特征及其与其他水体的补给关系. 昆明: 云南师范大学硕士学位论文.

张荷惠子, 于坤霞, 李占斌, 等. 2019. 黄土丘陵沟壑区小流域不同水体氢氧同位素特征. 环境科学, 40(7): 3030-3038.

张玉斌, 曹宁, 武敏, 等. 2005. 黄土高原南部水平梯田的土壤水分特征分析. 中国农学通报, 21(8): 215-220.

赵宾华. 2018. 黄土高原生态建设对流域水体转化与传输的作用机制研究. 西安: 西安理工大学博士学位论文.

赵良菊, 肖洪浪, 程国栋, 等. 2008. 黑河下游河岸林植物水分来源初步研究. 地球学报, 29(6): 709-718.

宗路平, 角媛梅, 华红莲, 等. 2014. 哈尼梯田景观水源林区土壤水分垂直变化与持水性能. 水土保持通报, 34(4): 59-64.

Abu Hammad A, Haugen L E, Borresen T. 2005. Effects of stonewalled terracing techniques on soil-water conservation and wheat production under Mediterranean conditions. Environmental Management, 34(5): 701-710.

Abu Hammad H, Brresen T, Haugen L E. 2006. Effects of rain characteristics and terracing on runoff and erosion under the Mediterranean. Soil and Tillage Research, 87(1): 39-47.

Arnáez J, Lana-Renault N, Lasanta T, et al. 2015. Effects of farming terraces on hydrological and geomorphological processes: a review. Catena, 128: 122-134.

Bellin N, Van Wesemael B, Meerkerk A, et al. 2009. Abandonment of soil and water conservation strucures in Mediterranean ecosystems: a case study from south east Spain. Catena, 76(2): 114-121.

Burgess S S O, Dawson T E. 2004. The contribution of fog to the water relations of *Sequoia sempervirens* (D. Don): foliar uptake and prevention of dehydration. Plant Cell and Environment, 27: 1023-1034.

Cejudo E, Acosta-Gonalez G, Leal-Bautista R M, et al. 2020. Water stable isotopes (δ^2H and δ^{18}O) in the Peninsula of Yucatan, Mexico. Hydrology and Earth System Sciences, https: //doi.org/10.5194/hess-2020-16.

Chow T L, Rees H W, Daigle J L. 1999. Effectiveness of terraces/grassed waterway systems for soil and water conservation: a field evaluation. Journal of Soil and Water Conservation, 54(3): 577-583.

Craig H. 1961. Isotopic variation in meteoric waters. Science, 133(3465): 1702-1703.

Critchley W R S, Bruijnzee L A. 1995. Terrace riser: erosion control or sediment source? Sustainable Reconstruction of Highland and Headwater Region, 17: 529-554.

Dawson T E, Ehleringer J R. 1991. Streamside trees that do not use stream water. Nature, 350(6316): 335-337.

Dawson T E, Siegwolf R T W. 2007. Stable Isotopes as Indicators of Ecological Change. San Diego: Elsevier Academic Press.

Dawson T E. 1993. Hydraulic lift and water use by plants: implications for water balance, performance and plant-plant interactions. Oecologia, 95(4): 565-574.

DeWalle D R, Edwards P J, Swistock B R, et al. 1997. Seasonal isotope hydrology of three Appalachian forest catchments. Hydrology Process, 11(15): 1895-1906.

Ehleringer J R, Phillips S L, Schuster W S F, et al. 1991. Differential utilization of summer rains by desert plants. Oecologia, 88(3): 430-434.

Epstein S, Mayeda T. 1953. Variation of o18 content of waters from natural sources. Geochimica et Cosmochimica Acta, 4(5)：213-224.

Flanagan L B, Ehleringer J R, Marshall J D. 1992. Differential up-take of summer precipitation among cooccurring trees and shrubs in a pinyon-jumper woodland. Plant Cell and Environment, 15(7): 831-836.

Flanagan L B, Ehleringer J R. 1991. Stable isotopic composition of stem and leaf water: applications to the study of plant water use. Functional Ecology, 5(2): 270-277.

Gebremichael D, Nyssen J, Poesen J, et al. 2005. Effectiveness of stone bunds in controlling soil erosion on cropland in the tigray highland, Northern Ethiopia. Soil Use and Management, 21: 287-297.

Gerrard R A M, Gerrard A J. 2003. Runoff and soil erosion on cultivated rainfed terraces in the Middle Hills of Nepal. Applied Geography, 23(1): 23-45.

Hao X M, Chen Y, Li W, et al. 2010. Hydraulic lift in *Populus euphratica* Oliv. from the desert riparian vegetation of the Tarim River Basin. Journal of Arid Environments, 74(8): 905-911.

Hasselquist N J, Benegas L, Roupsard O, et al. 2018. Canopy cover effects on local soil water dynamics in a tropical agroforestry system: evaporation drives soil water isotopic enrichment. Hydrological Processes, 32(8): 994-1004.

Hayes J M. 1983. Practice and principles of isotopic measurements in organic geochemistry// Meinschein W G. Organic Geochemistry of Contemporaneous and Ancient Sediments. Bloomington, Indiana: Society for Economic Paleontologists and Mineralogists.

Hervé-Fernández P, Oyarzún C, Brumbt C, et al. 2016. Assessing the "two water worlds" hypothesis and water sources for native and exotic evergreen species in south-central Chile. Hydrological Processes, 30(23): 4227-4241.

Horita J, Wesolowski D J. 1994. Liquid-vapor fractionation of oxygen and hydrogen isotopes of water from the freezing to the critical temperature. Geochimica et Cosmochimica Acta, 58(16): 3425-3437.

Kabeya N, Katsuyama M, Kawasaki M, et al. 2007. Estimation of mean residence times of subsurface waters using seasonal variation in deuterium excess in a small headwater catchment in Japan. Hydrology Process, 21(3): 308-322.

Kosulic O, Michalko R, Hula V. 2014. Recent artificial vineyard terraces as a refuge for rare and endangered spiders in a modern agricultural landscape. Ecological Engineering, 68: 133-142.

Lal R. 2001. World cropland soil as a source of sink for atmospheric carbon. Advances in Agronomy, 71: 145-191.

Lee K S, Kim J M, Lee D R, et al. 2007. Analysis of water movement through an unsaturated soil zone in Jeju Island, Korea using stable oxygen and hydrogen isotopes. Journal of Hydrology, 345(3-4): 199-211.

Lesschen J P, Schoorl J M, Cammeraat L H. 2009. Modelling runoff and erosion for a semi-arid catchment using a multi-scale approach based on hydrological connectivity. Geomorphology, 109(3): 174-183.

Liu C W, Huang H C, Chen S K, et al. 2004. Subsurface return flow and ground water recharge of terrace fields in northern Taiwan. Journal of the American Water Resources Association, 40(3): 603-614.

Liu W J, Liu W Y, Li P J, et al. 2010. Dry season water uptake by two dominant canopy tree species in a tropical seasonal rainforest of Xishuangbanna, SW China. Agricultural and Forest Meteorology, 150(3): 380-388.

Liu X H, He B L, Li Z X, et al. 2011. Influence of land terracing on agricultural and ecological environment in the loess plateau regions of China. Environmental Earth Sciences, 62(4): 797-807.

Ma J, Song W F, Wu J K, et al. 2019. Identifying the mean residence time of soil water for different vegetation types in a water source area of the Yuanyang Terrace, southwestern China. Isotopes in Environmental and Health Studies, 55(3): 272-289.

Maguas C, Griffiths H. 2003. Applications of stable isotopes in plant ecology. Progress Botany, 64: 473-480.

Majoube M. 1971. Fractionnement en oxygene 18 et en deuterium entre l'eau et sa vepeur. The Journal of Chemical Physics, 68: 1423-1436.

Maloszewski P, Rauert W, Stichler W, et al. 1983. Application of flow models in an alpine catchment area using tritium and deuterium data. Journal of Hydrology, 66(1-4): 319-330.

McGuire K J, DeWalle D R, Gburek W J. 2002. Evaluation of mean residence time in subsurface waters using oxygen-18 fluctuations during drought conditions in the mid-Appalachians. Journal of Hydrology, 261(1-4): 132-149.

McKinney, C R, McCrea J M, Epstein S, et al. 1950. Improvements in mass spectrometers for the measurement of small differences in isotopic abundance ratios. Review of Scientific Instruments, 21: 724-730.

Meerkerk A L, Wesemael B, Bellin N. 2009. Application of connectivity theory to model the impact of terrace failure on runoff in semi-arid catchments. Hydrological Processes, 23(19): 2792-2803.

Meng, Y, Liu G. 2016. Isotopic characteristics of precipitation, groundwater, and stream water in an alpine region in southwest China. Environmental Earth Sciences, 75(10): 1-11.

Mensforth L J, Walker G R. 1996. Root dynamics of *melaleuca halmaturorum* in response to fluctuating saline groundwater. Plant and Soil, 184(1): 75-84.

Merlivat L. 1978. Molecular diffusivities of $H_2^{16}O$, $HD^{16}O$, and $H_2^{18}O$ in gases. Journal of Chemical Physics, 69(6): 2864-2871.

Moreira M, Sternberg L, Martinelli L, et al. 1997. Contribution of transpiration to forest ambient vapour based on isotopic measurements. Global Change Biology, 3(5): 439-450.

Muñoz-Villers L, McDonnell J. 2013. Land use change effects on runoff generation in a humid tropical montane cloud forest region. Hydrology and Earth System Sciences, 17(9): 3543-3560.

Nakamura T, Osaka K I, Kei N, et al. 2010. Groundwater Recharges and Interaction Between Groundwater and River Water in Kathmandu Valley, Nepal. San Francisco: AGU Fall Meeting.

Nie Y P, Chen H S, Ding Y L, et al. 2018. Water source segregation along successional stages in a degraded karst region of subtropical China. Journal of Vegetation Science, 29(5): 933-942.

Peng T R, Huang C C, Wang C H, et al. 2012. Using oxygen, hydrogen, and tritium isotopes to assess pond water's contribution to groundwater and local precipitation in the pediment tableland areas of northwestern Taiwan. Journal of Hydrology, 450-451(4): 105-116.

Penna D, Oliviero O, Assendelft R, et al. 2013. Tracing the water sources of trees and streams: isotopic analysis in a small pre-alpine catchment. Procedia Environmental Sciences, 19: 106-112.

Pereira E, Queiroz C, Pereira H M, et al. 2005. Ecosystem services and human well-being: a participatory study in a mountain community in Portugal. Ecology and Society, 10(2): 41-64.

Phillips D L, Gregg J W. 2003. Source partitioning using stable isotopes: coping with too many sources. Oecologia, 136(2): 261-269.

Ramos M C, Cots-Folch R, Martínez-Casasnovas J A. 2007. Effects of land terracing on soil properties in the Priorat region in Northeastern Spain: a multivariate analysis. Geoderma, 142(3-4): 251-261.

Rawat J K, Sohani S K, Varun Joshi, et al. 1995. Application of computer for terrace grading design by plane method. Journal of Soil Conservation, 23: 65-68.

Reddy M M, Schuster P, Kendall C, et al. 2006. Characterization of surface and ground water $\delta^{18}O$ seasonal variation and its use for estimating groundwater residence times. Hydrological Processes, 20(8): 1753-1772.

Scholl M A, Shanley J B, Murphy S F, et al. 2015. Stable-isotope and solute-chemistry approaches to flow characterization in a forested tropical watershed, Luquillo Mountains, Puerto Rico. Applied Geochemistry, 63: 484-497.

Schwinning S, Ehleringer J R. 2002. Deuterium enriched irrigation indicates different forms of rain use in shrub/grass species of the Colorado Plateau. Oecologia, 130(3): 345-355.

Sharda V N, Dogra P, Sena D R. 2015. Comparative economic analysis of inter-crop based conservation bench terrace and conventional systems in a sub-humid climate of India. Resources, Conservation and Recycling, 98: 30-40.

Sharda V N, Juyal G P, Singh P N. 2002. Hydrologic and sedimentologic behavior of a conservation bench terrace system in a sub-humid climate. Transactions of the ASAE, 45(5): 1433-1441.

Shi Z H, Ai L, Fang N F, et al. 2012. Modeling the impacts of integrated small watershed management on soil erosion and sediment delivery: a case study in the Three Gorges Area, China. Journal of Hydrology, 438: 156-167.

Shimeles D, Tamene L, Vlek P. 2012. Performance of farmland terraces in maintaining soil fertility: a case of Lake Maybar Watershed in Wello, Northern Highlands of Ethiopia. Journal of Life Sciences, 6: 1251-1261

Siegenthaler U. 1979. Stable Hydrogen and Oxygen Isotopes in the Water Cycle. Berlin: Springer: 264-273.

Smith S D, Wellington A B, Nacbloger J L, et al. 1991. Functional responses of riparian vegetation to streamflow diversion in the eastern Sierra Nevada. Ecological Applications, 1(1): 89-97.

Song X F, Wang S Q, Xiao G Q, et al. 2009. A study of soil water movement combining soil water potential with stable isotopes at two sites of shallow groundwater areas in the North China Plain. Hydrological Processes, 23(9): 1376-1388.

Sprenger M, Tetzlaff D, Soulsby C. 2017, Soil water stable isotopes reveal evaporation dynamics at the soil-plant-atmosphere interface of the critical zone. Hydrology and Earth System Sciences, 21(7): 3839-3858.

Sternberg Ld S L, Isli-Shalom-Gurdon N, Ross M, et al. 1991. Water relations of coastal plant communities near the ocean/freshwater boundary. Oecologia, 88(3): 305-310.

Sternberg Ld S L, Swart P K. 1987. Utilization of fresh water and ocean water by coastal plants of southern Florida. Ecology, 68(6): 1898-1905.

Stewart M K, McDonnell J J. 1991. Modeling base flow soil water residence times from deuterium concentrations. Water Resource Research, 27(10): 2681-2693.

Thorburn P J, and Walker G R. 1994. Variations in stream water uptake by *Eucalyptus camaldulensis* with differing access to stream water. Oecologia, 100(3): 293-301.

Urey H C, Brickwedde F G, Murphy G M. 1932. A hydrogen isotope of mass 2 and its concentration. Butsuri, 6(1): 1-15.

Van Dijk A I J M, Bruijnzeel L A, Wiegman S E. 2003. Measurements of rain splash on bench terraces in a humid tropical steepland environment. Hydrological Processes, 17(3): 513-535.

Wang P, Yu J, Zhang Y, et al. 2013. Groundwater recharge and hydrogeochemical evolution in the Ejina Basin, northwest China. Journal of Hydrology, 476: 72-86.

White J W C, Cook E R, Lawrence J R, et al. 1985. The D/H ratios of sap in trees: implications for water sources and tree ring D/H ratios. Geochimica et Cosmochimica Acta, 49(1): 237-246.

Williams D G, Ehleringer J R. 2000. Intra-and interspecific variation summer precipitation use in pinyon-juniper woodlands. Ecological Monographs, 70(4): 517-537.

Xu Y, Yan B, Luan Z, et al. 2013. Application of stable isotope tracing technologies in identification of transformation among waters in Sanjiang Plain, Northeast China. Chinese Geographical Science, 23(4): 435-444.

Xu Y, Yang B, Tang Q et al. 2011. Analysis of comprehensive benefits of transforming slope farmland to terraces on the Loess Plateau: a case study of the Yangou Watershed in Northern Shaanxi Province, China. Journal of Mountain Science, 8(3): 448-457.

Zuazo V H D, Pleguezuelo C R R, Peinado F J M, et al. 2011. Environmental impact of introducing plant covers in the taluses of terraces: implications for mitigating agricultural soil erosion and runoff. Catena, 84(1-2): 79-88.